바리스타가 꼭 알아야 할

커피사전

THE COMPLETE GUIDE TO COFFEE

西東社編集部 편저
이정기 감수, 윤채린 · 이문영 · 이혜진 옮김

光文閣
www.kwangmoonkag.co.kr

풍부한 향기와 깊은 맛.
세계적인 사랑을 받고 있는 커피는
우리의 일상 속 순간들에 스며들어 있습니다.

한 모금으로 마음이 진정되는가 하면
"좋아, 힘내자!"라고
의욕을 불어넣어 주기도 합니다.
on/off의 전환책으로
커피를 마시는 분도 많으시겠죠.

하지만 커피에 대해 다시 한번 생각해 보면
의외로 모르는 것들투성이.
애초에 어떤 방식으로 만들어지는지.
커피의 맛을 좌우하는 것은 무엇인지.

그것들을 알면 커피를 즐기는 방식이
더욱 풍부해질 것입니다.

The Complete Guide to Coffee

커피를 더욱더 즐기고
맛을 극대화하기 위해.
커피의 매력을 다시 한번 알아봅시다.

한 잔의 커피로

한 잔의 커피가 탄생하기까지 어떠한 스토리가 존재할까요?
또 그 스토리에서 전개되는 또 다른 즐거움은?
커피를 둘러싼 이야기를 함께 알아봅시다.

1 재배

커피콩은 커피나무의 종자로, 주로 열대 및 아열대 지방의 일부 지역에서만 재배됩니다. → P18

\ 커피의 3대 원종 /

- 아라비카종
- 카네포라종
- 리베리카종

2 정제

수확된 커피 열매는 운송과 저장 과정에 견딜 수 있도록 '생두'로 가공하는 작업을 거칩니다. 정제법에 따라서 커피의 맛도 달라집니다. → P20

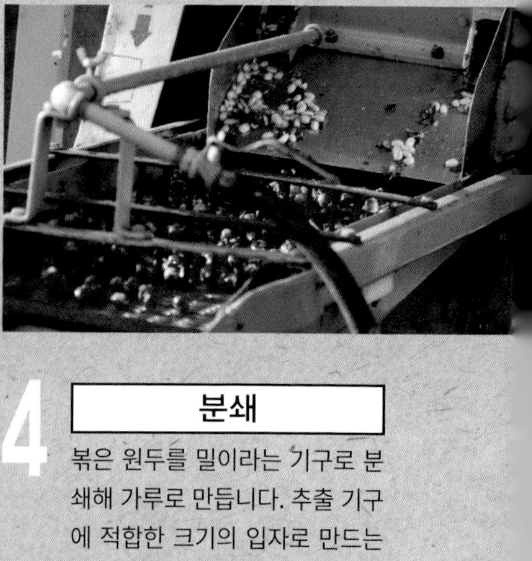

3 로스팅

생두를 로스팅하면 우리들이 흔히 아는 원두가 됩니다. 로스팅 정도(볶음도)에 따라 맛이 달라집니다. → P56

강볶음 중볶음 약볶음

4 분쇄

볶은 원두를 밀이라는 기구로 분쇄해 가루로 만듭니다. 추출 기구에 적합한 크기의 입자로 만드는 것이 중요합니다. → P80

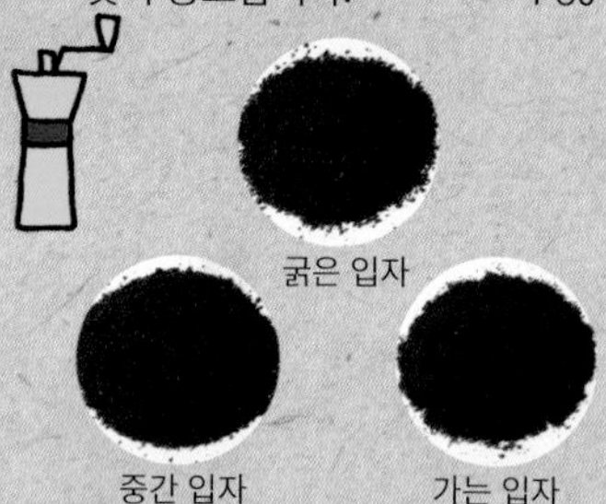

넓어지는 세계

The amazing world of coffee

5 추출

여기까지의 과정을 거쳐야만 커피를 내릴 수 있는 상태가 됩니다. 추출 기구는 가정에서 흔히 사용되는 페이퍼 드립 외에도 다양한 종류가 있습니다.
→ P84

페이퍼 드립

융 드립

그 밖의 다양한 추출 기구

모카포트

프렌치 프레스

사이펀

에스프레소 머신

6 어레인지

커피나 에스프레소에 우유 등을 첨가하는 어레인지 레시피도 하나의 즐거움입니다. 가정에서 라떼아트에 도전해 보는 건 어떨까요? →P154

카페라떼

라떼아트

카페모카

7 더 깊은 즐거움

원두를 직접 블렌딩해 보고, 전문가의 커핑을 체험해 보는 등, 커피 마니아를 위한 즐거움도 마련되어 있습니다. 푸드 페어링으로 새로운 맛의 영역이 열릴지도!?
→P188

8 좀 더 알아보기

세계 각지의 현황과 커피를 둘러싼 역사, 건강에 미치는 효능을 알면 커피가 더욱더 좋아질 거에요!
→ P224

알면 알수록 커피는 맛있어!

커피 브랜드(Coffee Brand)란?
최근 자주 듣는 '서드 웨이브'란 무슨 뜻일까?
일상적으로 접하고 있지만
모르는 것이 더 많은 커피의 세계,
우선은 커피에 대한
소박한 의문들에 답해 드립니다!

Q.1

브라질, 모카, 블루마운틴……. 커피 브랜드가 헷갈려!

A.1 **커피 브랜드는 국가나 지명이 된 것도 있고, 독자적인 이름이 붙여진 것도 있습니다.**

커피의 명칭은 다양한 기준으로 정해집니다. '브라질'이란 '브라질' 현지에서 수확한 원두입니다. 한편 '모카'는 모카라는 지역명이 아니라, 과거 예멘의 모카항에서 수출된 원두를 가리켰던 것이 유래로, 현재도 예멘과 에티오피아 일부 지역의 원두를 뜻하는 명칭입니다. '블루마운틴'은 자메이카의 블루마운틴 지역에서 수확한 원두입니다. → P32

Q.2

'맛있는 커피'란 어떤 걸 말하는 걸까?

A.2 **커피의 풍미는 여러 가지 복합적인 요소에 의해 결정됩니다.**

커피의 맛은 쓴맛, 산미(신맛), 단맛, 바디, 뒷맛 등, 다양한 요소로 표현됩니다. 사람마다 취향도 제각각이죠. '맛있다'고 느낀 커피에 대해 나름의 체크 포인트를 만들어 기준점을 찾아보는 걸 추천합니다. → P40

Q.3

맛은 원두가 결정할까? 내리는 방식이 결정할까?

A.3 커피 맛에는 다양한 요인이 얽혀 있습니다.

같은 '브라질' 원두여도 품종은 버번, 문도노보 등으로 제각각입니다. 또한, 생육 환경에 따라서도 맛은 필연적으로 달라집니다. 나아가 정제법이 워시드인지 내추럴인지, 품질이 어떤지도 중요합니다. 이렇듯 한 잔의 커피가 제공되기까지는 다양한 과정을 거치게 되며, 모든 요인이 맛에 영향을 미칩니다.

\ 커피의 맛을 결정 짓는 주된 요인 /

1. 생두

- 품종
- 산지
- 정제법
- 품질

2. 로스팅

- 로스팅 정도
- 로스팅의 질

3. 분쇄 굵기

- 분쇄 방법

4. 내리는 방식

- 추출 방법
- 농도
- 온도

Q.4

레귤러 커피? 스트레이트 커피? 싱글 오리진?

A.4 모두 다른 분류를 일컫는 말입니다.

'레귤러 커피'란 생두를 정제하여 볶은 원두 혹은 해당 원두를 분쇄한 가루를 뜻합니다. 이에 반대되는 것이 인스턴트 커피입니다. 한편 '스트레이트 커피'는 블렌딩하지 않은 단일 품종의 커피를 뜻합니다. '싱글 오리진'은 생산국, 농장, 품종, 정제법이 분명한 단일 생산지에서 만들어진 원두입니다. → P34

Q.5

요새 자주 듣는 스페셜티 커피란 무슨 뜻일까?

A.5 뚜렷한 개성을 지닌 고품질 원두입니다.

간단히 표현하면 출처와 생산 방식이 분명하고 풍미가 뛰어난 개성파 커피입니다. 사실 명확한 정의는 없습니다. → P36

C O N T E N T S

바리스타가 꼭 알아야 할

커피사전

THE COMPLETE GUIDE TO COFFEE

PART 1.
원두를 알자 /15

PART 2.
추출 방식을 알자 /77

PART 3. 어레인지 커피를 즐기자 /153

PART 4.
한 단계 높은 커피를 즐기는 법 /186

PART 5.
커피와 문화 /223

45 지역 · 61 품목의 산지 & 커피 원두 카탈로그 /243

B.남미지역

C. 중동 · 아프리카 지역

D 아시아 · 오세아니아 지역

CAFE
만델링
이요
나는 커피
애호가
원두에는
나름의
고집이 있다
새로 생긴
카페다
어서
오세요
~
여기서도
단연
만델링이지
MENU
오리지널 블렌드 6,000 원
브라질 산토스 No.2 6,000 원
엘살바도르 SHG 7,000 원
마타리 8,000 원
?
....
오리지널
블렌드
주세요

PART 1

원두를 알자

우리에게 익숙한 형태의 원두가 되기까지는 다양한 공정이 존재합니다. 재배 방법에서 수많은 품종에 이르기까지, 원두의 기초 지식을 속속들이 알아봅시다.

커피콩이란?

흔히 '커피콩'이라 불리지만 실제로 '콩'은 아닙니다.
먼저 커피가 어떤 식물인지 소개합니다.

빨간 열매가 체리를 닮았다 하여
'커피 체리'라 불린다.

커피콩은 '종자'다!

커피콩은 '콩'이라 불리지만 실제로는 콩과식물이 아닌 '용담목 꼭두서니과 커피나무속'으로 분류되는 '커피나무'라는 식물이다. 커피콩이 되는 것은 '커피 체리'라는 열매 속에 든 두 개의 종자이다. 커피 체리에서 외피, 과육, 파치먼트 등을 제거한 것이 생두(로스팅하기 전 상태의 커피콩)이다.

케냐의 한 농장.
우기가 1년에 2번
있어 연 2회 수확
이 가능하다.

코스타리카의 한 농장.
해발고도가 높은 산지
에 농장이 있다.

주된 산지는 열대와 아열대 지역

커피의 주된 산지는 북위 25~남위 25도 범위에 해당하는 열대/아열대 지역이다. 이 지역을 '커피 벨트'라고 한다. 커피콩의 수확 시기는 남회귀선에 가까운 지역이 4~9월경, 북회귀선에 가까운 지역이 9~4월경이다. 즉 연중 어딘가는 수확기를 맞고 있는 셈이다. 또한, 우기가 1년에 2번 있는 지역은 연 2회 수확도 가능하다.

커피 체리의 구조

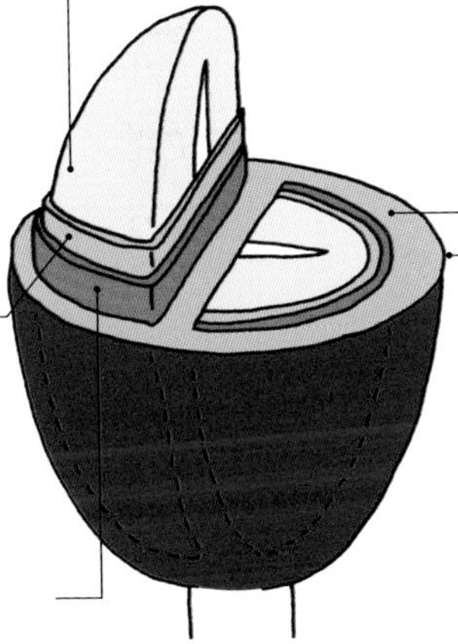

종자(생두)

종자 두 개가 마주 보고 있다. 이곳이 생두가 된다. 그린빈(green bean)이라고도 한다.

실버스킨(은피)

종자를 감싸는 얇은 막. 로스팅 시 '체프'가 되어 떨어져 나온다.

파치먼트(내과피)

실버스킨을 감싸는 단단한 껍데기

과육

익으면 단맛이 나나 식용으로는 부적합하다. 비료 등에 쓰인다.

외피

과육을 덮는 바깥쪽 껍데기. 익으면 붉게 변한다.

열매가 노란색인 옐로 체리도 있다.

플랫빈과 피베리

종자는 보통 2개가 마주 보는 형태로 들어 있으며 마주 보는 면이 평평해 플랫 빈(평두)이라 불린다. 간혹 둥그런 생두가 한 개만 들어 있는 경우도 있으며 이것을 피베리라 부른다. 피베리는 결점두로 분류되기도 하지만, 피베리만을 모아 비싼 값으로 거래되기도 한다.

커피 벨트

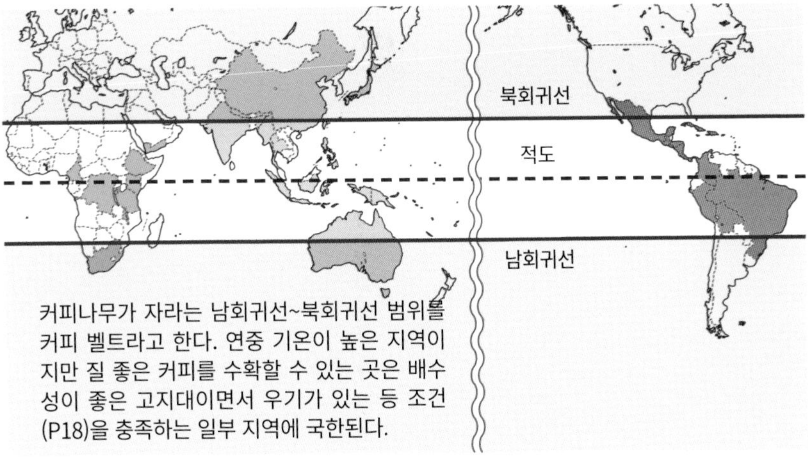

커피나무가 자라는 남회귀선~북회귀선 범위를 커피 벨트라고 한다. 연중 기온이 높은 지역이지만 질 좋은 커피를 수확할 수 있는 곳은 배수성이 좋은 고지대이면서 우기가 있는 등 조건(P18)을 충족하는 일부 지역에 국한된다.

커피콩의 재배

커피나무는 민감한 식물입니다. 커피나무의 성장 조건과 커피 체리를 수확하기까지의 과정을 확인해 봅시다.

커피나무의 성장 조건

1. 기온

커피나무가 잘 자라는 곳은 평균 기온이 22°C 전후인 고지대이다. 적정 온도를 웃돌면 조숙되어 녹병에 걸리기 쉽다. 반대로 밑돌면 충분히 생육하지 못해 수확량이 떨어진다.

2. 강우

커피나무의 생육에는 적당한 양의 강우가 필요하다. 연강수량 1200~1600mm가 바람직하며 우기가 2번인 지역은 수확기도 연 2회다.

3. 일조량

커피나무는 직사광선에 약하여 대개 완만한 산비탈에 심는다. 셰이드 트리(햇살을 가리는 나무)를 함께 심는 경우도 있다.

4. 토양

화산재가 쌓인 토양이 적합하다. 질소와 인산, 칼륨 함유량이 많은 비옥한 토양에 배수성이 좋고, pH4.5~6.0 정도의 약산성을 띠는 땅이 최적이다. 브라질에는 양분이 풍부한 적토(赤土)가 많다.

5. 해발고도

커피나무(아라비카종)가 재배되는 곳은 대개 고도 1,000~2,000m의 서늘한 고지대이다. 밤낮 기온 차가 클수록 품질 좋은 커피콩이 된다.

커피 체리를 수확하기까지의 과정

1. 육묘

파치먼트가 붙어 있는 상태의 커피나무 종자를 모판에 뿌린다. 약 1개월 반~2개월 만에 발아하며, 생육 시 밭에 옮겨 심는다.

2. 성목

밭에 심은 뒤 3년 정도 지나면 수확할 수 있을 만큼 성장한다. 아라비카종은 직사광선에 약해 셰이드 트리(햇살을 가리는 나무)를 심는 경우도 있다.

3. 개화

재스민 향이 나는 흰색 꽃이 핀다. 건기/우기가 있는 지역에서는 우기의 전조로 내리는 블로섬 샤워(blossom shower) 후에 개화한다.

4. 수분(꽃가루 받이)/결실

꽃이 피어 있는 3~4일 기간 안에 수분한다. 이후 녹색의 작은 열매가 맺히고, 개화 후 7~8개월 정도가 지나면 빨갛게 익는다.

5. 수확(열매 채집)

다 익은 열매를 손으로 따거나 기계로 수확한다.

Column

일본에서도 커피를 재배한다

일본에도 커피를 재배하는 지역이 있다. 커피 벨트의 북쪽 한계에 위치한 오키나와 본토, 이시가키섬, 도쿠노시마, 오가사와라 제도 등이다. 생산량이 적고 시장에도 거의 유통되지 않지만 지구 온난화의 영향으로 재배량이 조금씩 늘고 있다.

커피콩의 정제

'정제'란 커피 체리를 수확하여 생두로 만들기까지의 공정을 뜻합니다. '생산 처리'라는 표현을 쓰기도 합니다. 커피의 맛은 정제법에 따라서도 크게 좌우됩니다. 주된 방법 5가지를 소개합니다.

정제법의 차이로도 커피 맛은 변한다!

빨갛게 다 익은 커피 체리를 수확한 후 그대로 방치하면 과육이 금방 부패해 버린다. 따라서 수확 즉시 열매에서 종자를 빼내 생두로 만드는 정제(생산 처리) 과정을 거친다.

정제법은 산지 환경에 맞게 개발되었지만, 오늘날에는 커피 맛에 미치는 영향을 고려하여 한 곳의 산지에서도 각기 다른 정제법을 사용해 개성 있는 생두를 생산하고 있다. 정제법은 크게 물 없이 건조한 후 껍질을 벗겨내는 '내추럴(건식)'과, 물에 넣어 과육과 뮤실리지(점액질)를 먼저 제거한 후 말려서 껍질을 벗겨내는 '워시드(습식)'으로 나뉜다. 그 밖에도 중간 공정이 약간씩 다른 정제법들이 있으며, 정제법에 따라 커피 맛은 또다시 달라진다. 정제법과 맛의 특징을 알아 두면 커피 고르기가 더욱 즐거워진다.

정제 시 주로 제거되는 부분

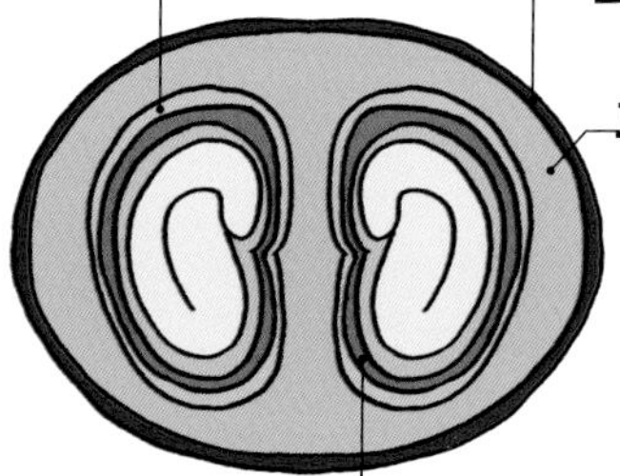

정제법 1

워시드
(Washed)

어떤 맛일까?

산뜻하고 맑은 향미와 고급스러운 신맛를 느낄 수 있다. 내추럴에 비해 깔끔하고 심플한 맛이다.

주요 국가

콜롬비아, 과테말라, 탄자니아, 케냐 등 세계 각국(물 자원이 풍부한 생산지)

플로터 선별을 거친 체리를 펄퍼에 넣어 과육을 벗긴 후, 발효조에서 하룻밤 발효시켜 뮤실리지(점액/당분)를 제거한다. 물로 세정해 태양광 또는 기계로 건조한다. 이후 탈각기로 파치먼트를 제거한다.

플로터 선별 광경. 수확한 커피 체리를 수조에 넣을 시 덜 익은 체리는 떠오르므로 그것을 제거한다.

1. 플로터 선별

커피 체리를 수조에 넣어 떠오른 미성숙한 열매를 제거한다. 가라앉은 열매만이 다음 공정으로 보내진다.

펄퍼로 과육을 제거하는 모습. 상단에 있는 과육이 붙은 붉은 체리가 기계를 통과하면 과육이 제거된 파치먼트가 나온다.

2. 펄핑

펄퍼(과육 제거기)로 과육을 제거한다.

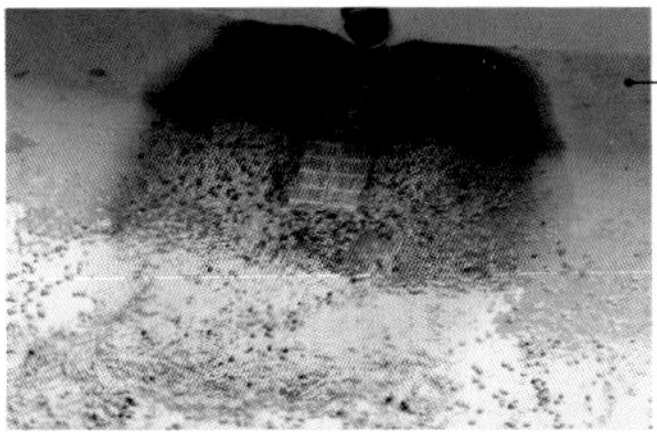

발효조에 하룻밤가량 담근 뒤 물을 빼고 있는 모습. 떨어져 나온 뮤실리지로 물이 더러워졌다.

3. 발효조

물에서 하룻밤 발효시켜 뮤실리지를 제거한다.

4. 세정

수로를 이용해 세정하는 곳도 있다.

기다란 수로를 통해 파치먼트를 세정한다.

5. 건조

태양광 또는 기계로 건조시킨다.

6. 탈각

탈각기로 파치먼트(내과피)를 제거한다.

7. 생두 완성

8. 선별 및 그레이딩

결점두를 골라내고 그레이딩(P38)한다.

정제법 2

세미 워시드
(Semi-Washed)

어떤 맛일까?
워시드에 가까운 산뜻하고 군더더기 없는 맛이다. 고급스러운 신맛도 느껴진다.

주요 국가
브라질, 중앙아메리카 등

수확 후 선별한 커피 체리의 과육을 펄퍼(과육 제거기)로 벗겨낸 후, 기계로 뮤실리지(점액질/당분)를 제거한다. 이후 태양광 또는 기계로 건조하여 탈각기로 파치먼트를 제거한다. 워시드와 다른 점은 뮤실리지도 기계로 제거한다는 점이다. 발효 시간이 짧은 데다 물 사용량도 적다.

수확한 커피 체리를 펄퍼에 넣고 있는 모습

1. 플로터 선별

커피 체리를 수조에 넣어 떠오른 미성숙한 열매를 제거한다. 가라앉은 열매만이 다음 공정으로 보내진다.

과육이 제거된 파치먼트. 물로 세정하지 않고 태양광 건조한다.

벗겨낸 과육은 비료 등으로 사용된다.

2. 펄핑

펄퍼(과육 제거기)로 과육을 제거한다.

3. 건조

태양광 또는 기계로 건조한다.

4. 탈각

탈각기로 파치먼트(내과피)를 제거한다.

5. 생두 완성

6. 선별 및 그레이딩

결점두를 골라내고 그레이딩(p38) 한다.

햇볕에 말리는 도중 건조 상태를 체크하고 있다. 콩의 수분함량이 10~11% 가량 될 때까지 건조한다.

정제법 3

펄프드 내추럴
(Pulped Natural, Honey Process)

어떤 맛일까?
내추럴에 가깝게 발효된 과일처럼 달콤한 향과 입에 감기는 맛이 있으나, 뮤실리지를 남기는 정도에 따라 맛이 달라진다.

주요 국가
브라질, 코스타리카 등 중앙아메리카

수확해 선별한 커피 체리를 펄퍼(과육 제거기)에 넣어 과육을 벗겨낸 후, 뮤실리지(점액질/당분)가 붙어 있는 채로 태양광 건조한다. 이 점이 내추럴과의 차이점이다. 이후 탈각기로 파치먼트를 제거한다.

중미 코스타리카에서 펄프드 내추럴 방식으로 정제 중인 모습이다. 펄퍼로 과육을 제거하고 있다. 펄프란 과육을 뜻한다.

1. 플로터 선별
커피 체리를 수조에 넣어 떠오른 미성숙한 열매를 제거한다. 가라앉은 열매만이 다음 공정으로 보내진다.

2. 펄핑
펄퍼로 과육을 제거한다.

태양광 건조 중인 모습이다. 뮤실리지의 당분이 검고 얼룩덜룩하게 남아 있는 것이 보인다. 이 당분을 얼마만큼 남기는지에 따라 맛도 달라진다.

3. 건조
뮤실리지가 붙어 있는 채로 태양광 건조한다.

4. 탈각
탈각기로 파치먼트(내과피)를 제거한다.

5. 생두 완성

6. 선별 및 그레이딩
결점두를 골라내고 그레이딩(p38) 한다.

태양광 건조가 어느 정도 진행된 모습이다. 균일하게 건조하기 위해 커피 체리를 중간중간 휘젓는다.

정제법 4

내추럴
(Natural, Winey Process)

어떤 맛일까?
망고나 베리를 발효시킨 것 같은 달콤한 향과 감칠맛이 난다. 잡미를 포함해 커피콩 고유의 향미와 개성을 느낄 수 있다.

주요 국가
브라질, 예멘, 에티오피아, 인도, 중앙아메리카 등

수확 후 선별한 커피 체리를 노면 내지는 비닐하우스에 널어, 건포도처럼 까맣게 될 때까지 건조한다. 이후 탈곡기로 과육과 파치먼트를 함께 제거한다. 토지가 넓고 강우량이 비교적 적은 산지에서 사용되는 정제법이다. 균일하게 건조하기 위해 널어둔 커피 체리를 중간중간 휘저어야 한다.

건조한지 얼마 안 된 커피 체리. 열매가 아직 선명한 붉은색이다.

다소 검은색을 띠게 된 상태. 건조 시간은 해당 국가의 기후에 따라 달라진다.

1. 플로터 선별
커피 체리를 수조에 넣어 떠오른 미성숙한 열매를 제거한다. 가라앉은 열매만이 다음 공정으로 보내진다(이 공정을 거치지 않는 지역도 있다).

2. 건조
태양광으로 건조한다.

3. 탈각
탈각기로 파치먼트(내과피)를 제거한다.

4. 생두 완성

5. 선별 및 그레이딩
결점두를 골라내고 그레이딩(p38) 한다.

에티오피아의 내추럴 정제. 아프리카에서 태양광 건조 시 사용하는 건조대를 '아프리칸 베드'라고 한다. 중미 코스타리카 등은 비닐하우스 안에 건조대를 설치하기도 한다. 그물, 콘크리트, 벽돌 등 재질은 생산국 별로 제각각이다.

정제법 5

수마트라식
(Sumatra Type)

어떤 맛일까?
만델링 특유의 진한 향이 우러나와 강한 바디가 느껴진다.

주요 국가
인도네시아 수마트라섬(만델링 정제법)

인도네시아 수마트라섬에서 행해지는 정제법이다. 수확한 커피 체리의 과육을 펄퍼(과육 제거기)로 제거하고 뮤실리지가 붙어 있는 상태의 파치먼트를 반쯤 건조한 뒤 탈각한다. 탈각한 생두를 다시 한번 태양광 건조하여 수분함량이 10~11% 정도인 청록색 생두로 만든다.

안쪽의 흰색 콩은 덜 건조되어 수분함량이 많은 생두이며, 앞쪽의 갈색 콩은 건조가 많이 진행된 생두이다.

1. 플로터 선별
펄퍼로 과육을 제거한다.

2. 건조
태양광 건조

3. 탈각
수분함량 약 50%의 덜 마른 상태로 탈각한다.

4. 생두 완성

5. 건조
생두를 다시 한번 태양광 건조한다.

6. 선별 및 그레이딩
결점두를 골라내고 그레이딩(p38) 한다.

파치먼트의 수분함량이 약 50%인 상태에서 탈각한다. 사진은 탈각 후의 생두이며, 수분함량이 높아 흰색을 띤다.

탈각 후의 생두를 다시 한번 건조하여 수분함량을 10~11% 정도로 조절한다.

Column

집에서 재배한 커피콩이 한 잔의 커피가 되기까지

커피나무는 관엽식물로도 키울 수 있습니다. 화분에서 기르면 첫 열매를 맺기까지 3~5년이 걸리지만, 그 후로는 매년 수확할 수 있습니다. 가정에서 키우며 꽃과 열매를 감상하고 수확, 정제, 로스팅해서 한 잔의 커피를 얻기까지의 과정을 공개합니다. 무척이나 뿌듯하답니다!

※ 사진은 과테말라산 무루타 품종

발아
(약 45일 이내)

파치먼트가 붙은 상태의 종자를 심는다. 묘목이나 화분으로도 판매하고 있다.

개화
(3~5년 이내)

볕이 잘 드는 실내에서 키우고 물은 일주일에 1번 정도 준다. 1m이상 성장하면 하얀 꽃이 핀다.

꽃과 줄기의 접합부가 부풀어 열매가 된다.

꽃은 2~3일만 지나면 떨어진다. 꽃과 줄기의 접합부가 부풀어 열매가 되어 점차 커진다.

결실
(6개월 이내)

개화 후 반년 안에 녹색 열매가 성숙되고, 새빨간 앵두 같은 커피 체리로 변한다.

한 그루의 나무에서 양손에 담을 정도의 열매 수확된다.

직경 약 30cm의 화분에서 자란 커피나무 한 그루에서 수확한 커피 체리의 일부이다.

플로터 선별

물을 채운 유리컵에 열매를 넣는다. 덜 익은 열매가 떠오르면 건져낸다.

워시드 정제 (P21)할 경우

과육을 손으로 제거한다. 아래 사진은 제거 후 뮤실리지가 붙어 있는 상태

물에 담가 발효

물에 하룻밤 담가 발효하면 뮤실리지가 제거된다.

1~2주간 태양광 건조

헝겊이나 망 위에 널어 햇볕에 건조한다. 중간중간 고르게 섞어 볕이 닿는 면을 바꿔준다.

내추럴 정제 (P24)할 경우

열매를 그대로 태양광 건조한다. 약 일주일 정도 지나 건포도 같은 상태가 되면 손으로 탈각한다.

탈각

건조한 콩의 파치먼트를 손으로 까서 탈각한다. 사진은 벗겨낸 파치먼트이다.

생두 완성

탈각하면 실버스킨이 붙은 그린빈즈가 나온다. 이 시점에서 비로소 생두가 된다.

로스팅

프라이팬으로 생두를 볶는다. 균일한 로스팅을 위해서는 프라이팬을 계속해서 흔들어야 한다.

분쇄

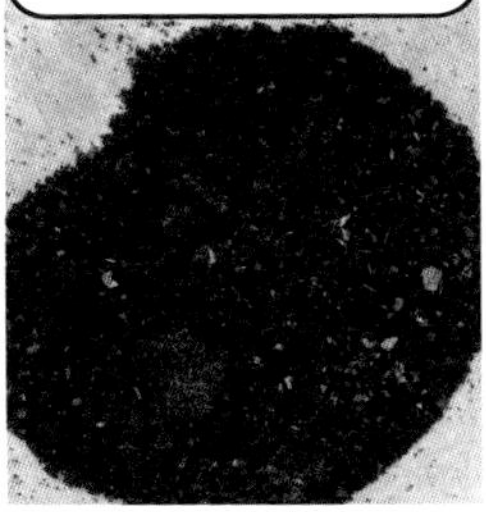

로스팅한 원두를 밀로 분쇄한다. 로스팅 직후에는 가스가 많으므로 하루 이틀 방치한 후 갈아준다.

드립

드립하여 한 잔의 커피를 완성한다. 매년 한 잔 분의 더할 나위 없는 행복을 맛본다.

커피콩의 품종

커피나무는 돌연변이와 품종 개량을 반복하며 세계로 전파되었습니다. 일반적으로 맛볼 수 있는 건 2종류로, '아라비카종'과 '카네포라종(로부스타종)'입니다.

스트레이트 커피의 대부분은 아라비카종

커피의 품종은 아라비카종만 하더라도 200종 이상이라고 한다. 현재 세계에서 유통되고 있는 커피콩의 약 70%가 '아라비카종'이며, 약 20%가 '카네포라종(일명 로부스타)'이다. 여기에 서아프리카산 '리베리카종'을 더한 것을 커피의 3원종이라고 한다. 이 중 세계 커피 생산량의 약 60%를 차지하는 것이 아라비카종이다. 주로 스트레이트로 즐기는 품종으로 병충해에 취약하고 재배가 까다롭다. 한편 카네포라종은 강한 쓴맛으로 블렌드나 인스턴트 커피에 임팩트 있는 향미를 더한다. 병충해에 강하고 열매가 많이 맺히는 품종이다.

커피의 3대 원종(原種)

아라비카종

세계적으로 고품질 커피의 대명사로 자리 잡은 품종이다. 고지대에서 자라며 병충해에 약해 카네포라종에 비해 재배가 까다롭다.

원산지	에티오피아
모양	타원형, 편평함
재배 고도	1000~2000m
맛과 향	풍부한 향과 신맛를 느낄 수 있음
수확까지 걸리는 기간	재배 시작 후 3년 정도

카네포라(로부스타)종

아라비카종보다 고도가 낮은 지대에서 자라며, 병충해에 강하고 열매가 많이 맺힌다. 인스턴트 커피나 중저가 블렌드에 자주 사용된다.

원산지	콩고
모양	원형, 알갱이가 큼
재배 고도	500~1000m
맛과 향	쓴맛이 강하고 카페인이 많이 함유됨
수확까지 걸리는 기간	재배 시작 후 3년 정도

리베리카종

저지대 및 평지에서의 재배가 가능하며 적은 강우와 병충해에도 잘 버틴다. 소비량이 적은 편이며 주로 유럽에서 소비된다.

※ 세계 커피 시장에는 유통되지 않는다.

원산지	서아프리카
모양	마름모형
재배 고도	200m
맛과 향	쓴맛이 강함
수확까지 걸리는 기간	재배 시작 후 5년 정도

주요 커피 품종의 계통

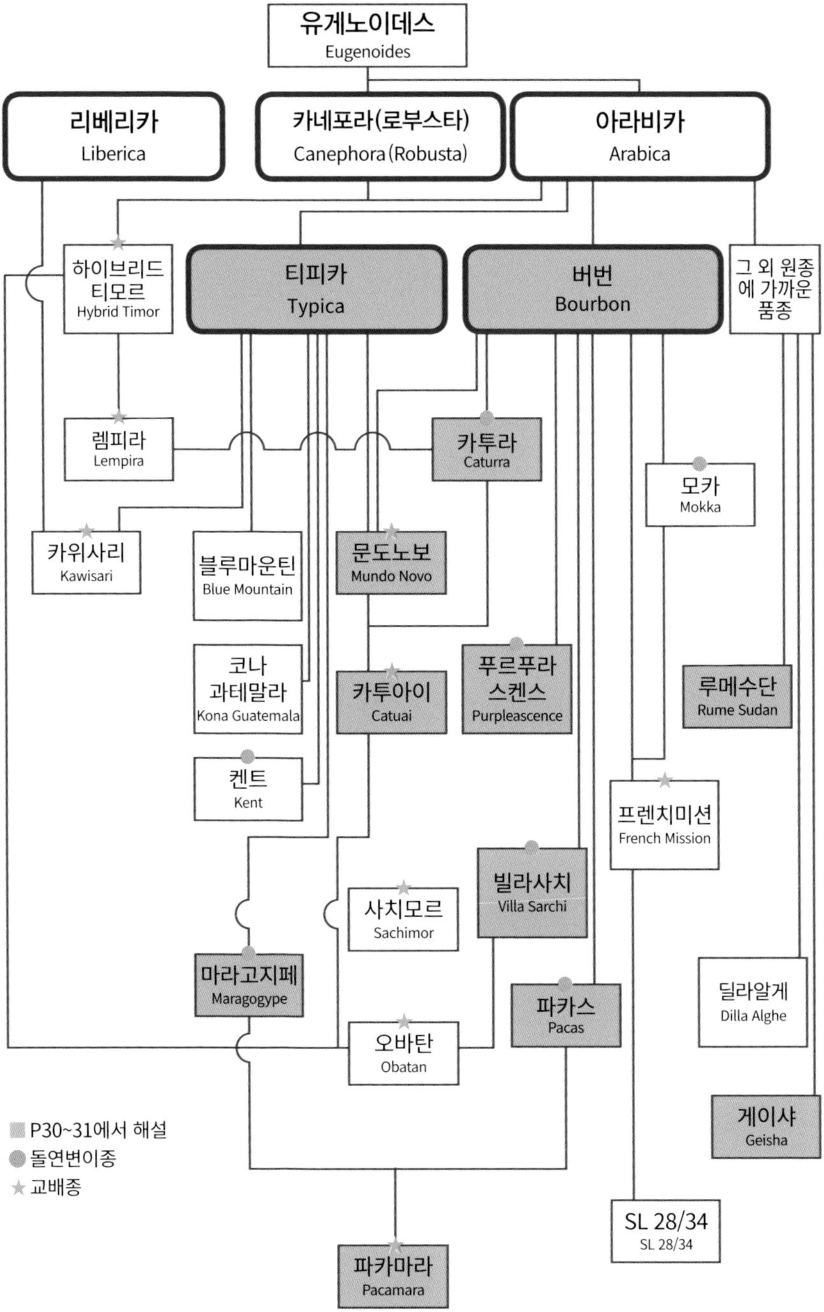
유게노이데스
Eugenoides
리베리카
Liberica
카네포라(로부스타)
Canephora(Robusta)
아라비카
Arabica
하이브리드 티모르
Hybrid Timor
티피카
Typica
버번
Bourbon
그 외 원종에 가까운 품종
렘피라
Lempira
카투라
Caturra
모카
Mokka
카위사리
Kawisari
블루마운틴
Blue Mountain
문도노보
Mundo Novo
코나 과테말라
Kona Guatemala
카투아이
Catuai
푸르푸라스켄스
Purpleascence
루메수단
Rume Sudan
켄트
Kent
프렌치미션
French Mission
사치모르
Sachimor
빌라사치
Villa Sarchi
마라고지페
Maragogype
파카스
Pacas
딜라알게
Dilla Alghe
오바탄
Obatan
게이샤
Geisha
P30~31에서 해설
돌연변이종
교배종
SL 28/34
SL 28/34
파카마라
Pacamara

아라비카종에서 파생된 주요 품종

시중에서 판매되는 드립용 원두의 대부분은 아라비카종입니다.
파생 품종만 해도 200종 이상이라는 아라비카종, 각기 다른 개성을 지닌
파생 품종들의 특징을 소개하겠습니다.

버번
Bourbon

티피카보다 수확량이 20~30% 많지만 타 품종보다는 적은 편이다. 티피카보다 가지가 많아 열매가 많이 맺히고 빨리 익는다. 평균 스크린 사이즈가 16으로 알갱이도 크다. 강한 바디와 부드러운 단맛이 특징이다.

문도노보
Mundo Novo

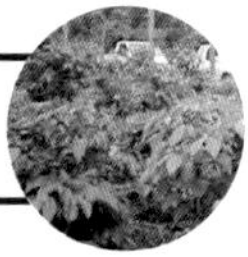

수마트라산 티피카와 버번의 자연 교배종이다. 버번종보다 높게 자라며 힘이 있어 병충해에 강하다. 수확량도 많다. 브라질에서 널리 재배되는 품종 중 하나다. 신맛, 단맛, 쓴맛의 밸런스가 좋다.

푸르푸라스켄스
Purpleascence

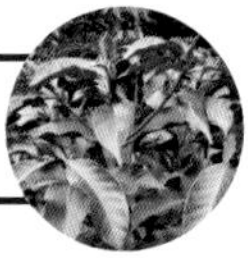

버번의 돌연변이종이다. 가뭄에 강하며 높게 자란다. 어린잎은 자주색이다. 생두는 가늘고 긴 형상을 띤다. 수확량이 적어 상업용으로 생산하는 농장은 거의 없다. 베네수엘라와 온두라스에서 소규모로 재배되고 있다.

루메수단
Rume Sudan

수단 공화국의 고지대에서 발견된 야생 품종이다. 병충해에 강하다. 수확량이 많고 생두 알갱이가 크고 길다. 극소량만 수출되고 있는 초희귀종이다.

티피카
Typica

티피카와 버번은 아라비카종의 2대 파생 품종이다. 티피카는 3.5~4m까지 성장한다. 수확량은 많지 않지만 뛰어난 컵 퀄리티(P36)를 자랑한다. 고급스럽고 부드러운 신맛과 바디, 향기를 자아내 인기다.

카투라
Caturra

버번의 돌연변이종으로 1935년 브라질에서 발견되었다. 나무 줄기가 굵고 짧은 데다 가지가 많아 밀집 재배에 적합하다. 티피카의 3배에 달하는 수확량을 자랑하며 주로 중남미에서 재배된다. 양질의 신맛과 쓴맛을 자아내며 재배 고도가 높을수록 맛이 좋아진다.

카투아이
Catuai

1949년에 개발된 몬도노보와 카투라의 교배종이며 수확량이 많은 품종이다. 낮게 자라 밀집 재배에 적합하다. 열매가 가지에서 잘 떨어지지 않아 강풍과 호우에 강하다. 브라질에서 널리 재배된다. 문도노보에 가까운 심플한 맛이다.

게이샤
Geisha

에티오피에서 유래한 희귀 야생 품종이다. 파나마 옥션에서 각광을 받아 중남미의 콜롬비아, 코스타리카, 과테말라에서도 재배하기 시작했다. 수확량은 적다. 꽃향기와 감귤류를 연상시키는 맛이 매력적이다.

빌라사치
Villa Sarchi

버번의 돌연변이종이며 1920년대 코스타리카 서부의 빌라사치라는 마을에서 발견되었다. 짧은 줄기와 튼튼한 뿌리로 많은 양분을 흡수해 맛이 좋다. 열매가 한꺼번에 익는다. 고도 1200~1600m에서 재배하기 적합하다. 수확량이 많은 편은 아니나 컵퀄리티(p36)는 뛰어나다.

마라고지페
Maragogype

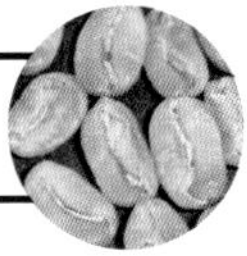

티피카의 돌연변이종으로 1870년 브라질 바이아주 마라고지페에서 발견되었다. 수목은 버번과 티피카처럼 크고 높다. 수확량은 적지만 종자 크기가 큰 것이 특징이다. 티피카보다 1스크린(0.4mm) 정도 크다. 독특한 향미로 일부 마켓에서 높은 인기를 구가하며 귀하게 여겨진다.

파카마라
Pacamara

파카스와 마라고지페의 인공 교배종이며 1950년대 엘살바도르에서 만들어졌다. 엘살바도르, 온두라스, 니카라과 등에서 재배되고 있으나 수확량은 적다. 풍부한 향과 군더더기 없는 신맛가 특징이며, 고지대에서 재배된 것은 단맛이 강하다. 알갱이가 큰 것이 특징이다.

파카스
Pacas

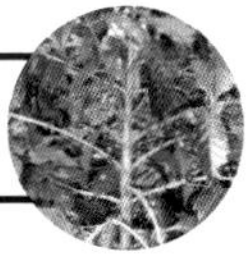

버번의 돌연변이종이며 1956년 엘살바도르의 생산자 알베르토 파카스의 농장에서 발견되었다. 튼튼한 뿌리로 많은 양분을 흡수해 맛이 좋고 생산량도 많다. 열매도 빨리 익는다. 저지대 재배에 적합하며 가뭄에 잘 버티고 모래가 많은 토양에도 쉽게 적응한다. 생두 크기는 작다. 재배 고도가 높을수록 품질도 좋아진다.

Column

커피 고수는 안다? 품종의 잡학

블루마운틴은 품종일까? 커피 브랜드일까?

자메이카에서 생산되는 '블루마운틴'은 커피의 '브랜드'이며, 품종은 티피카다. 티피카가 자메이카에 전래된 이래 블루마운틴 지역에서 자라난 원두만이 이러한 이름을 가진다. 이곳 블루마운틴 지구에서 반출된 종자가 케냐 서부, 탄자니아에서도 재배되고 있는데, 이들 지역에서 '블루마운틴'은 품종명이다. 단, 판매시에는 다른 명칭으로 분류되어 '블루마운틴'이라는 이름은 쓸 수 없다.

아라비카와 카네포라의 교배종은?

커피의 2대 원종인 아라비카와 카네포라의 교배종은 '하이브리드 티모르'다. 아라비카와 카네포라의 자연교배로 생겨난 이 품종은 1920년 티모르섬에서 발견되었다. 하이브리드 티모르와 빌라사치의 교배종으로 사치모르, 투피 등이 있다.

브라질에서 연구 개발된 신품종 '투피'

커피콩의 명칭

커피 라벨에 기재된 명칭에는 원두의 정보를 나타내는 단서가 포함되어 있습니다. 하지만 엄밀한 세계 규격 없이 다양한 명칭의 유형이 존재하는 것이 현실입니다.

커피콩의 명칭 유형

1. 산지가 명칭이 된 경우

예: 브라질, 콜롬비아, 과테말라
생산 국명이 명칭이 되는 유형이 가장 많다. 단독으로 명칭이 되기도 하고 지역이나 수출항의 이름을 뒤에 붙이는 경우도 있다.

2. 지역명이 명칭이 된 경우

예: 모카, 킬리만자로
모카라는 명칭은 예멘의 모카항에서 수출되곤 했던 것이 그 유래다. 킬리만자로는 탄자니아에 있는 산의 이름으로, 탄자니아산 아라비카 원두를 가리킨다.

3. 규격에 의한 브랜드가 명칭이 된 경우

예: 만델링, 블루마운틴, 하와이코나
만델링은 인도네시아 수마트라섬 북부에서 수확되는 아라비카 원두, 블루마운틴은 자메이카 블루마운틴 지구에서 생산된 원두, 하와이코나는 하와이섬 코나 지구에서 수확되는 아라비카 원두를 가리킨다. 지역명에서 유래하지만 '이 지구에서 수확된 것에 한한다'는 규격에 기반하고 있다. 위 2의 킬리만자로는 3의 유형이라고도 할 수 있다.

산지, 지역, 브랜드가 혼재된 커피콩 명칭

1970~80년대에는 '브라질', '킬리만자로', '만델링' 등 커피 애호가들이 알고 있는 원두의 종류가 그리 많지 않았습니다. 1990년대 들어 스페셜티 커피의 개념이 확산되면서 '파나마 에스메랄다 게이샤' 등의 길고 낯선 이름의 커피콩이 늘어났습니다. '브라질'과 같이 심플한 명칭의 커피콩도 있습니다. 커피콩의 명칭은 세계적으로 통일된 기준 없이 생산자와 판매자에 의해 자유롭게 붙여지고 있습니다. 다만 몇 가지 경향이 존재하기 때문에 커피의 명칭을 통해 커피콩의 정보를 알 수 있습니다.

＼ 커피 브랜드에 담겨 있는 정보 ／

스페셜티 커피의 경우

1. 산지 및 지역명

이름의 맨 앞에 붙는 것은 '생산 국명'인 경우가 많다. 커피콩은 생산국에 따라 기후 및 재배 환경이 다른 데다 지역별로 특화된 품종도 있어 전문가의 경우 산지명만으로도 커피콩의 타입을 알 수 있다.

2. 농장명

싱글 오리진(P34)이라는 이름을 내건 커피는 생산 농가가 분명해야 한다. 그 때문에 커피콩 이름에도 농장명을 표기하는 패턴이 늘고 있다. 먹을거리로서의 안전성을 보장하는 의미도 있다.

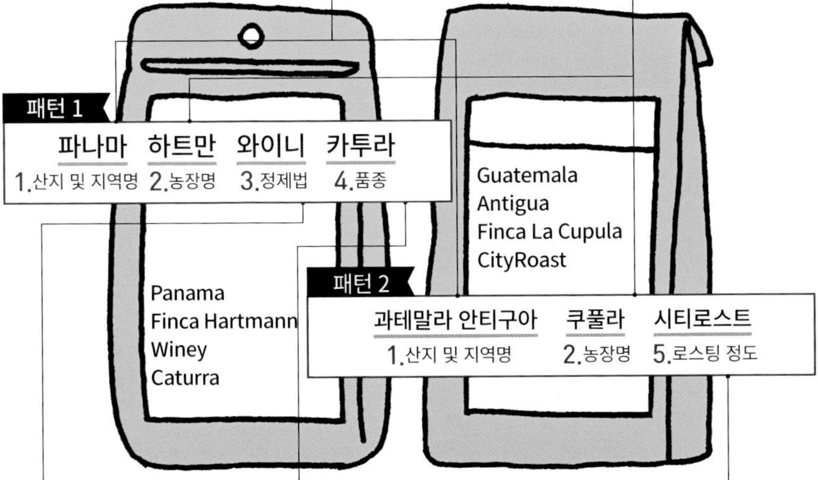

3. 정제법

커피콩 고유의 향미와 바디를 느낄 수 있는 허니(펄프드 내추럴)와 깔끔한 맛의 워시드 등, 정제법(P20)에 따라 커피의 맛이 변한다. 따라서 명칭을 통해 이 사실을 알 수 있도록 허니, 와이니, 워시드 등 정제법을 나타내는 용어를 넣는 경우도 있다.

4. 품종

커피의 품종(P28)은 200종 이상의 다양한 품종별로 맛의 특징이 뚜렷하여 이 사실을 알 수 있도록 명칭에 표기하기도 한다. 게이샤 등 커피 품평회에서 우승한 전적이 있는 품종은 명칭에 표기함으로써 맛을 증명한다.

5. 로스팅 정도

커피는 로스팅 정도(P58)에 따라서 맛이 크게 변한다. 또한, 같은 커피콩을 강볶음, 약볶음 등으로 다르게 로스팅하여 판매하는 가게도 있다. 이러한 경우 로스팅 정도를 커피 브랜드에 포함하기도 한다. 그러나 로스팅 정도의 안배는 로스터별로 다르기 때문에, 똑같이 로스팅한 '브라질'이어도 맛이 약간 다르다는 점이 흥미롭다.

커피의 분류

시장에 유통되는 커피는 크게 4가지 분류가 있으며 거래량과 가격에 차이가 있습니다. 한편 '싱글 오리진'이란 단일 생산지를 가리키는 말입니다. 모두 커피를 논할 때 짚고 넘어가야 하는 지식입니다.

커피의 4가지 분류와 싱글 오리진이란?

커피는 유통상 크게 4가지로 분류되며 생두 상태로 거래된다. 저평가, 저가격, 대량 유통인 것부터 순서대로 '로우 그레이드 커피', '커머더티 커피', '프리미엄 커피', '스페셜티 커피'라고 불리며, 등급이 올라갈수록 풍부한 향미를 지닌 커피로 취급된다.

한편, '싱글 오리진'은 등급과는 또 다른 개념이다. 직역하면 '단일 생산지'라는 의미로 하나의 생산지와 농장에서 재배되어 품종, 정제법, 수확시기 등을 세밀하게 파악할 수 있는 원두를 뜻한다. 지금까지 '스트레이트 커피'라고 불려 왔던 단일 품종 커피는 해당 품종을 자처하는 여러 가지 원두를 섞어 판매해 왔다. 따라서 같은 '브라질'이라도 A농장과 B농장의 원두는 환경, 품종, 정제법, 품질 등 많은 요인이 다르기 때문에 평균적인 맛의 커피가 되고 만다. 싱글 오리진은 생산자의 의향이 반영된 원두의 개성을 느낄 수 있다. 그러나 싱글 오리진이라고 무조건 품질이 좋은 것만은 아니며 어디까지나 단일 생산지의 커피를 가리키는 명칭일 뿐이다.

한마디로 나타내자면?

싱글 오리진
생산지, 농장, 품종, 정제법이 명확함.

스페셜티 커피
추적 가능한 이력(traceability)이 명확하고 심사에서 높은 평가를 받은 원두.

커피의 4가지 분류

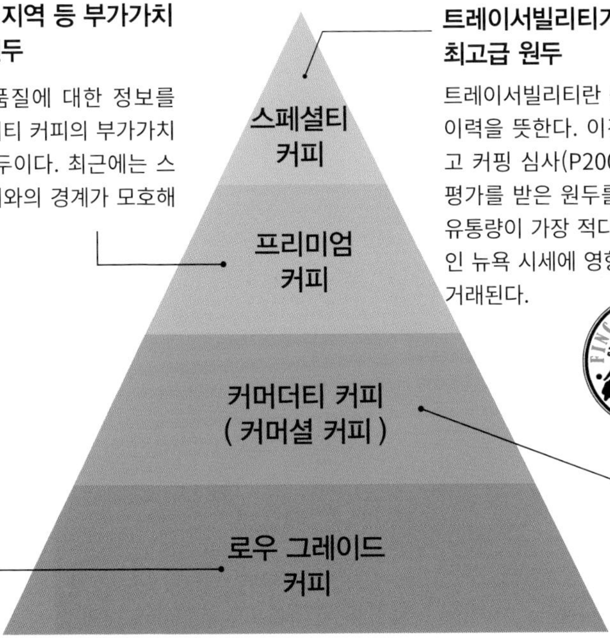

특정 생산 지역 등 부가가치가 있는 원두

생산지와 품질에 대한 정보를 더해 커머디티 커피의 부가가치를 높인 원두이다. 최근에는 스페셜티 커피와의 경계가 모호해졌다.

트레이서빌리티가 명확한 최고급 원두

트레이서빌리티란 생산 과정의 이력을 뜻한다. 이것이 명확하고 커핑 심사(P200)에서 높은 평가를 받은 원두를 가리킨다. 유통량이 가장 적다. 국제 시장인 뉴욕 시세에 영향 받지 않고 거래된다.

주로 가공 소비되는 커피

인스턴트 커피, 캔 커피 등으로 가공하여 소비되는 경우가 많은 원두이다. 아라비카종 원두에 로부스타 파생종을 블렌딩하여 가공하는 경우도 있다. 최근에는 로우 그레이드 커피의 품질이 올라가는 추세이다.

대량 유통되어 희소성이 적은 원두

국제 시장인 뉴욕 시세에 따라 거래가가 정해진다. 안정적인 공급을 중시한 대량 생산형 원두이다. '커머셜 커피'라고도 한다. 슈퍼 등지에서 판매되는 원두가 이에 해당한다.

Column

컵 오브 엑셀런스란?

Cup of Excellence(약칭 COE)는 미국의 단체 'Alliance for Coffee of Excellence (약칭 ACE)'에 의해 매년 개최되는 국제 원두 품평회를 뜻한다. 1999년 발족한 이래 참가국을 늘리며 발전하고 있다. 품평회에서 입상한 원두는 인터넷 옥션을 통해 거래되며 전 세계 커피 업자가 입찰할 수 있다.

스페셜티 커피란?

최고 등급의 원두로 비싼 값에 거래되는 스페셜티 커피,
과연 어떤 방식으로 정의될까요?

사실 스페셜티 커피의 정의는 애매하다

커핑(P200)에 의한 평가가 정착한 2000년대 이래 원두의 품질과 트레이서빌리티를 중시하는 풍조가 확산됨에 따라 스페셜티 커피의 수요는 꾸준히 증가하여 왔다. 그러나 그 정의는 법률 등의 명확한 기준 없이 사실상 각 단체와 생산자의 독자적인 판단에 의존하고 있다.

오늘날 원두 품평을 시행하고 있는 세계적 기관으로는 앞서 소개한 ACE를 비롯해 스페셜티커피협회(SCA) 등이 있다. 일본에도 일본스페셜티커피협회(SCAJ)가 설립되었으며, 7가지 독자적인 평가 기준을 마련하고 있다(아래 참조). 이들 기관에 의한 평가 외에도 각국 기관이 독자적으로 시행하는 품평회가 있으며, 공적 기관을 거치지 않고 생산지별로 제삼자가 평가를 진행하는 등 등급을 매기는 방식은 다양하다.

SCAJ가 제시하는 스페셜티 커피의 7가지 향미 평가 기준

1. 입안에 머금었을 때의 질감

점도, 밀도, 농도, 무게, 부드럽게 감기는 정도, 바디 등의 감각 및 촉감을 포함한다. 입에 머금었을 때의 볼륨감은 질감과는 또 다른 요소이다. 농도와 무게는 액체의 '질량'과는 관계가 없다.

2. 향미 특성과 프로필

스페셜티 커피와 일반 커피를 구분하는 가장 중요한 항목. 향미 특성이란 미각과 후각의 조합을 말한다. 재배 - 수확 - 회수 - 선별 - 생산관리 - 보관 - 로스팅 - 추출이 이상적으로 행해졌으며 테루아르(재배지 특성)가 올바르게 표현된 것을 높이 평가한다.

3. 뒷맛의 인상

커피를 마신 후 '잔류하는 감각'이 오래 지속되며 달게 마무리되는지, 아니면 자극적이고 거부감 있게 느껴지는지 평가한다

4. 컵 퀄리티의 완성도

품질의 '오점'이나 '향미의 결점'이 없고 커피의 재배지 특성을 나타내는 투명성을 갖추어야 한다.

5. 단맛

커피 체리가 균일하게 잘 익으면 단맛의 질도 좋아진다. 로스팅한 원두에 포함된 당분량이 아닌, 단맛의 인상을 결정짓는 여타 성분과 요소를 평가한다.

6. 청량감(상큼함)의 특징 평가

맑고 산뜻하며 섬세한 신맛을 어느 정도로 자아내는지를 평가한다. 신맛의 강도가 아닌 질이 중요시된다. 자극적으로 느껴지는 신맛이거나 불쾌한 인상을 주는 시큼함과는 다른 요소이다.

7. 밸런스

향미가 얼마나 조화로운지, 돌출되거나 결여된 맛은 없는지 평가한다.

스페셜티 커피의 주요 특징

명확한 기준은 없지만, 크게 아래 4가지를 특징으로 들 수 있습니다.

1. 트레이서빌리티가 확립되어 있다

트레이서빌리티란 작물의 유래에 대한 추적 가능성을 말한다. 농장, 품종, 생산 처리법 등이 명확한 커피여야 한다.

2. 향미가 좋으며 개성이 뚜렷하다

향미가 뛰어난 것은 물론 평범하지 않고 뚜렷한 개성을 지닌 것이 맛있는 커피의 조건 중 하나이다.

3. 커핑 스코어가 높다

커핑이란 커피의 맛을 객관적으로 평가하기 위해 제정된 테이스팅 기법이다. SCA 기준 80점, SCAJ 기준 80점 이상이 고평가로 분류된다.

4. 결점두의 혼입이 적다

고품질 원두는 커피의 향미를 해치는 결점두(p65)의 혼입이 적다.

스페셜티 커피의 가격은 어떻게 정해질까?

선물거래 대상이 아닌 스페셜티 커피의 가격 책정은 생산자와 구매자 간의 직거래를 통해 이루어 집니다. 일각에서는 아래와 같이 공개적인 거래도 있습니다.

패턴 1

'컵 오브 엑설런스(P35)'의 옥션

전 세계 커피 업자가 참가해 입찰을 다투면서 가격이 정해진다.

패턴 2

생산국이 독자적으로 시행하는 옥션

패턴1은 연 1회 개최되는 세계적 옥션이지만 각 생산국에서도 수출 전에 독자적인 옥션을 시행해 가격을 책정하고 있다.

패턴 3

전 세계 커피 업자가 참가해 입찰을 다투면서 가격이 정해진다.

패턴1이나 2와 같은 입찰 형식이 아닌, SCA 등이 공인한 커퍼(커핑할 수 있는 사람)가 각국에서 품평을 진행해 가격을 제시하는 경우도 있다.

원두의 그레이딩

그레이딩이란 저마다의 생산국이 수출 규격에 따라 커피 등급을 나누는 것을 뜻합니다. 그레이딩 방법은 나라별로 다양합니다.

고도, 원두 크기, 결점 수로 등급을 매긴다

생산국에 따라 다르지만 주된 기준은 다음 3가지이다. 첫 번째는 '산지의 고도'. 밤낮의 기온 차이가 클수록 품질 좋은 원두가 되는 까닭에, 고도가 높은 지역에서 재배된 원두일수록 등급이 높아진다.

두 번째는 '스크린 사이즈(원두 크기)'. 약 0.4mm가 세계 표준 단위로, 스크린 사이즈가 20일 경우 약 8mm이다. 원두 크기가 클수록 고품질로 여겨진다. 세 번째는 '결점 수'. 이물질이나 결점두의 혼입률이 낮을수록 상위 원두이다. 이 중 하나 또는 여러 조건을 배합해 등급이 매겨지며, 여기에 컵(맛) 평가를 추가하는 나라도 있다(브라질 등). 배점 기준도 나라마다 달라서 인도네시아의 경우 '흑두=결점 1', '미성숙 두=결점 0.2' 등, 300g 기준으로 결점 수를 매겨 등급이 정해진다.

국가별 그레이딩 방법

그레이드	결점 수(브라질 방식)
No.2	4
No.3	12
No.4	26
No.5	46
No.6	86

스크린 사이즈
20
19
18
17

맛
스트릭트리 소프트 (Strictly Soft): 충분히 부드럽고 단맛이 있음.
소프트 (Soft): 부드럽고 단맛이 있음.
소프티시 (Softish): 단맛이 별로 없음.
하드 (Hard): 예리한 자극이 느껴지는 맛.
리오이 (Rioy): 경미한 요오드/포름 맛이 남.
리오 (Rio): 요오드/포름 맛.

브라질

결점 수, 스크린 사이즈, 컵 3가지를 평가한다. 일례로 '브라질 No.2 스크린 18 소프트' 등이 있다. 수출 가능한 것은 결점 수 No.6 이하, 스크린 사이즈 16 이상이다.

※ 스크린 사이즈는 1/64을 기준으로 하며, screen 20이면 7.8mm 체에 걸리는 커피콩을 말한다(역자 주)

그레이드	재배지 고도(m)
스트릭트리 하드 빈 (SHB)	1400m 이상
하드 빈 (HB)	1225~1400m
세미 하드 빈 (SH)	1100~1225m
엑스트라 프라임 워시드 (EPW)	900~1100m
프라임 워시드 (PW)	600~ 900m

과테말라

고도로 등급을 매긴다. 최상급은 'SHB'며 '과테말라 SHB'라고 표기된다.

그레이드	스크린 사이즈	허용범위
엑셀소 수프리모(Excelso Supremo)	17이상	14~17 : 최대 5%
엑셀소 엑스트라(Excelso Extra)	16이상	14~16 : 최대 5%
엑셀소 유럽(Excelso Europa)	15이상	12~15 : 최대 2.5%
엑셀소 · UGQ(Excelso UGQ)	14이상	12~14 : 최대 1.5%
엑셀소 마라고지페(Excelso Maragogipe)	14이상	14~17 : 최대 5%
엑셀소 카라콜(Excelso Caracol)	12이상	평두: 최대 10%

※카라콜=피베리를 뜻함

콜롬비아

스크린 사이즈를 기준으로 '수프리모', '엑스트라' 등으로 나뉘며, 14 미만인 원두는 수출할 수 없다. 단, 카라콜은 예외다.

그레이드	스크린 사이즈	결점 수
No.1	17~18이 최하96%	최대 2%
No.2	16~17이 최하96%	최대 2%
No.3	15~16이 최하96%	최대 2%
피베리	10 이상이 최하96%	최대 2%
셀렉트	No.1~3의 사이즈	최대 4%

자메이카 (블루마운틴)

스크린 사이즈와 결점두로 등급을 매긴다. 최상급은 '블루마운틴 No.1'이라고 표기된다.

그레이드	결점 수
그레이드 1	0~3
그레이드 2	4~12
그레이드 3	13~25
그레이드 4	26~46
그레이드 5	47~75

에티오피아

결점 수로 등급을 매긴다. 수출 등급은 그레이드 2인 워시드와 그레이드 4인 내추럴까지다.

그레이드	결점 수 (300g 중 결점 수)
그레이드 1	최대 11
그레이드 2	12~25
그레이드 3	26~44
그레이드 4a	45~60
그레이드 4b	61~80
그레이드 5	81~150
그레이드 6	151~225

인도네시아 (만델링)

결점 수로 등급을 매긴다. 내추럴 정제는 수분 함유량 최대 13%, 워시드는 최대 12%로 악취와 묵은 내, 곰팡이가 없어야 한다.

나에게 딱 맞는 원두를 찾는 방법

커피의 맛은 각양각색, 수많은 커피 중 당신의 취향을 찾기 위한
체크 포인트를 만들어 보지 않으시겠어요?

먼저 기준이 될 맛을 찾아보자

커피에는 신맛, 단맛, 쓴맛, 바디 등 다양한 맛이 복잡하게 얽혀 있기 때문에, '입맛에 맞는지는 모르겠지만 그냥저냥 마신다'는 사람도 있을 것이다. 취향에 맞는 커피를 발견하려면 나름대로 체크 포인트를 설정한 후 '맛의 기준'이 될 커피를 찾는 것이 중요하다. 이후 다양한 커피를 시음해보고 '기준 커피와 어떠한 차이가 있는지', '어느 쪽 커피가 더 맛있는지' 등을 곰곰이 생각해 보자. 이 과정을 반복함으로써 취향을 명확히 알 수 있다.

커피의 맛은 어떻게 표현할까?

1. 신맛

플루티(fruity)한 신맛은 패션후르츠와 망고 같은 열대 과일 계통과 레몬, 오렌지 같은 감귤 계통 등으로 나뉜다. 부드러운 신맛과 깔끔한 신맛 등, 신맛의 인상은 품종에 따라 다르다.

2. 쓴맛

쓴맛은 본래 독을 연상케 해 사람들이 기피하지만, 커피의 '적절한 쓴맛'은 자꾸만 먹고 싶은 중독성을 갖고 있다. 다양한 고미 성분이 조화되어 '입안에서 감기는 깊은 맛'이 된다. 로스팅 정도가 강할수록 쓴맛이 두드러진다.

3. 뒷맛

입안에서 쓴맛이 빨리 사라질수록 뒷맛을 느낀다. 즉 뒷맛은 쓴맛의 강도와 체류 시간에 기인하며, 단순히 빨리 사라지는 쓴맛은 '깔끔하다'고 표현되지만, 높은 강도의 쓴맛이 입안을 자극하고 사라지면 '뒷맛이 있는 쓴맛'이라고 할 수 있다.

4. 바디

베이스로 깔린 쓴맛이 농도를 유지하며 입안에서 풍부하게 퍼지는 것을 바디라고 표현한다. 쓴맛을 내는 물질이 다양할수록 맛이 복잡하고 바디가 풍부해진다. 맛에서 중후함을 느낄 수 있을 때 '바디감이 있다'고 표현한다.

5. 단맛

커피 체리가 익으면 과육에 당분이 축적되는데, 이로 인해 생두의 맛도 달아진다. 완숙에 가까워질수록 생두의 당분도 높아지며, 이는 커피의 단맛으로 이어진다.

나에게 딱 맞는 원두를 찾기 위한 체크 포인트

CHECK 1 신맛, 단맛, 쓴맛 중 좋아하는 맛을 찾자

커피에는 신맛, 단맛, 쓴맛이 있으며 원두별로 맛의 균형이 다르다. 우선 신맛, 단맛, 쓴맛이 특징인 커피를 각각 시음해 보고 어느 것이 입맛에 맞는지 알아보는 것부터 시작하자. 균형 잡힌 맛으로 알려진 '브라질' 등을 먼저 맛본 다음 신맛, 단맛, 쓴맛이 두드러지는 커피와 비교해 보면 차이를 잘 알 수 있다.

→ P42으로

CHECK 2 개성파와 균형파 중 입맛에 맞는 것을 찾자

커피에는 신맛, 단맛, 쓴맛의 균형이 잘 잡힌 것과 독특한 향미를 지닌 개성적인 것이 있다. 개성적인 커피는 사람에 따라 호불호가 나뉘는 경우가 있어, 균형파 커피와 비교해 가며 취향을 체크해 보는 것도 하나의 방법이다

→ P43으로

CHECK 3 로스팅에 따라 변하는 맛을 비교해 보자

Check 2까지는 원두가 가진 특징을 바탕으로 취향을 알아내기 위한 단계이다. 하지만 같은 원두라고 해도 로스팅 방법에 따라 맛이 크게 달라진다. 따라서 취향에 맞는 원두를 찾은 다음에는 로스팅 방법에 따른 맛의 변화도 체크해 보자.

→ P56으로'

대표적인 원두를 시음해 보자

P41의 'check 1, 2'에 해당하는 대표적인 원두를 소개합니다. 단 정제법, 로스팅, 추출 방법에 따라 맛이 변하기 때문에 실제 바리에이션은 더 넓습니다.

1 신맛, 단맛, 쓴맛의 대표격

단맛 대표

과테말라

달콤한 향이 특징으로, 부드러운 신맛과 쓴맛에 더해 적당한 바디마저 느낄 수 있는 '과테말라'. 깔끔한 뒷맛이 화려한 인상을 준다. 밸런스가 좋아 단맛이 잘 느껴지기 때문에 마일드하다고도 표현된다.

신맛 대표

킬리만자로
하와이 코나

신맛의 대명사로 알려진 '킬리만자로', 새콤달콤한 향기와 독특한 과일 맛의 신맛이 특징이다. 그 밖에 '모카 마타리', '하와이 코나', '케냐' 등도 신맛이 나는 커피로 알려져 있다.

신맛, 단맛, 쓴맛 밸런스No.1

브라질

취향을 모를 때 우선적으로 마셔볼 것

신맛과 단맛, 쓴맛 중 어떤 맛이 좋은지 모르는 경우에는 세 가지 맛의 균형이 잘 잡힌 '브라질'을 시음해 보시길. 신맛가 더해지길 원한다면 '킬리만자로'와 비교해 보는 식으로 취향을 찾아가 보자.

쓴맛 대표

만델링

쓴맛이 특징인 커피로는 '만델링'이 유명하다. 강한 바디와 쓴맛이 느껴지며, 농후하고 인상 깊은 향미는 이국적이라고도 평가된다. 쓴맛을 좋아하는 사람에게는 강볶음을 추천한다. 달콤한 디저트와도 잘 어울린다.

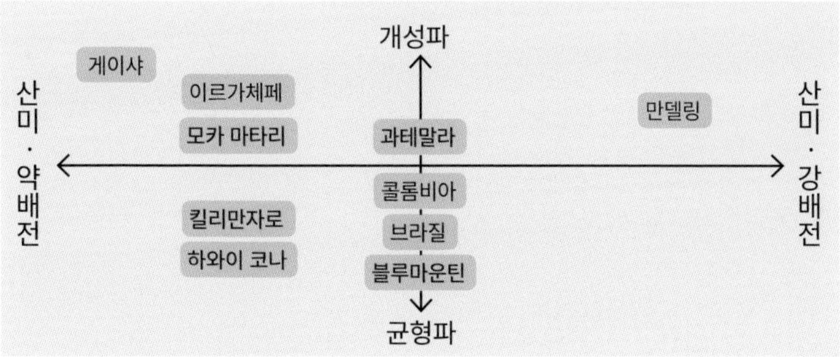

2 개성파 · 균형파 원두

향기 대표

게이샤

최근 인기를 끌고 있는 품종이다. 플로럴한 과일 향과 감귤류를 연상시키는 상큼한 향미, 뒤끝 없는 신맛은 '게이샤 플레이버'로 지칭되기도 하며, 유니크한 커피의 대표격이라 할 수 있다.

플루티한 향미

이르가체페
모카 · 마타리

풍부한 과일 향과 잘 익은 열매 같은 달콤한 맛이 특징인 '이르가체페'. 생산국인 에티오피아는 커피의 발상지로, 이 맛이 바로 '커피의 원조격'일 수도 있다.

균형 대표

블루마운틴

균형파

신맛, 단맛, 쓴맛의 균형이 잘 잡혀 있어 고급스럽고 누구나 쉽게 마실 수 있다고 평가되는 '블루마운틴'. 그야말로 균형파의 대명사로, 개성파 커피와 비교하며 시음해 보자.

바디 대표

콜롬비아

강하고 풍부한 바디와 적당한 신맛, 마일드한 단맛을 느낄 수 있는 것이 '콜롬비아'다. '브라질'이나 '과테말라'와 같이 균형 잡힌 맛의 커피로 평가되며, 블렌드 커피의 베이스로 사용되는 경우가 많다.

일본의 인기 원두를 알아보자

1990년 이후 일본에 스페셜티 커피가 확산되면서 커피의 개성이 세분화되고 있습니다. 일본에서 인기 있는 8가지 원두를 소개합니다.

스페셜티 커피는 인기 생산국에서 세분화된 결과

1960년대 생두와 인스턴트 커피에 대한 수입이 자유화되면서 1970~80년대 일본에는 카페가 급증했다. 그 무렵부터 일본에 수입된 원두는 브라질, 베트남, 콜롬비아, 과테말라, 인도네시아(만델링), 에티오피아(모카), 탄자니아(킬리만자로)가 대다수이며, 2000년 이후에도 국가별 수입량은 해당 국가들이 선두를 차지하고 있다.

1990년 이후 싱글 오리진과 스페셜티 커피의 개념이 탄생한 이래 종류가 단번에 늘어난 것처럼 보이지만, 앞서 설명한 주요 생산국 내 브랜드가 세분화된 것일 뿐, 국가별로 따지면 일본이 수입하고 있는 커피의 생산국은 크게 다르지 않다. 즉 예로부터 인기 있는 나라의 커피가 보다 진화 · 발전했다고 할 수 있다.

일본에서 인기 있는 커피 원두

이 장에서 다룰 8가지 원두는 예로부터 일본에서 사랑받아 온 인기 품종이다. 생산국별로 다른 맛의 특징을 지니고 있어 비슷한 것이 없을 정도이다. 그러므로 우선 이 8가지 커피를 마셔 보고 각각의 매력을 파악하여 머릿속에서 맛을 대응해 보는 것을 추천한다.

또한, 일본에서 오랜 인기를 끌고 있는 것이 '블루마운틴'과 '하와이 코나'이다. '블루마운틴'은 전체 생산량의 약 70%가 일본에 수입되고 있으며, 과거 '영국 왕실 납품'이라는 광고 카피를 통해 구매 심리를 자극했다고 한다. 한편, '하와이 코나'는 일본에서 하와이 여행 붐이 일었을 때 기념품으로서 인기를 끌기 시작했다. 모두 마일드하고 마시기 쉬운 커피라는 점이 인기의 이유인 듯하다.

인기 원두 1

마일드하고 균형 잡힌 맛으로 블렌딩에 빠질 수 없는 존재

브라질

수확한 커피 체리를 비닐 지붕 아래 널어 자연광 건조한다.
세계 1위 생산량을 자랑하는 브라질에는 대규모 농장이 많다.

어울리는 로스팅

하이 로스팅,
시티 로스팅

이럴 때 마셔요

업무 중 휴식 타임에 즐기는
마일드한 한 잔

일본이 수입하는 원두 중 가장 많은 비중을 차지하는 것이 브라질산이다. 브라질에는 22만 개 이상의 커피 농장이 있으며, 한 농장에서 평균 18,000그루의 커피 나무를 재배한다. 이 중 80%가 아라비카종이며, 버번, 티피카, 문도노보, 수마트라, 카투아이, 마라고지페, 카티모르 등의 품종이 있다. 생산량, 수출량 모두 독보적인 세계 1위를 자랑한다.

'브라질'=마일드하고 균형 잡힌 맛으로 알려져 있지만, 이는 출하량이 많은 까닭에 수출 시 서로 다른 농장의 커피가 뒤섞이기 때문이기도 하다. 정제법은 내추럴이 일반적이지만 최근에는 펄프드 내추럴도 늘고 있다. 극히 일부지만 워시드도 있다. 같은 품종이라도 정제법으로 맛에 변화를 주는 등, 개성 있는 원두 생산에 열심이다.

향미

부드러운 신맛과 바디, 적절한 쓴맛을 내며 맛의 밸런스가 좋다. 마일드하고 담백해서 블렌드 커피의 베이스로 자주 사용된다.

인기 원두 2

독자적인 방식으로 재배된 대지의 향을 품은 맛

만델링

산간에 위치한 소규모 농장이 많은 인도네시아. 셰이드 트리로 바나나 등의 과일을 함께 심는다. 우측 아래는 핸드픽 광경이다.

어울리는 로스팅

시티 로스팅~
프렌치 로스팅

이럴 때 마셔요

식후 입가심으로 즐기는
진하고 쌉싸름한 한 잔.

향미

강하고 인상 깊은 맛, 신맛이 적은 반면 강한 바디와 쓴맛, 농후한 향미가 입안에 퍼진다.

인도네시아의 커피 재배는 17세기 초반 남인도에서 자바섬으로 유입된 아라비카종이 시초이다. 하지만 19~20세기 초 녹병으로 인해 대부분이 괴멸하여 90%가 녹병에 강한 로부스터종으로 바꿔 심어졌다. 아라비카종은 전체의 약 10%로 감소하였는데, 만델링은 이 10% 중에서도 '수마트라섬 북부에서 재배된 아라비카종'에만 이름 붙여지는 고품격 커피이다. 신맛이 적고 쓴맛이 강하며 바디가 풍부한 것이 특징이다. 이러한 향미를 만들어 내는 것이 '수마트라식'이라 불리는 독특한 정제법이다(P25). 수마트라섬은 습하고 비가 많이 내리는 지역인데, 만델링이 재배되는 고도 1,000m 이상의 산간 지대는 서늘하고 온화한 기후로 유기물이 풍부한 화산성 토양이다. 만델링이라는 이름은 북수마트라의 부족 '만다린족'에서 유래했다.

인기 원두 3

변화무쌍한 지형이 낳은 다채로운 생두가 자아내는 마일드한 향미

콜롬비아

고품질 워시드 아라비카 커피의 최대 생산국으로서 안정적인 품질을 유지하는 콜롬비아. 일본의 국가별 생두 수입량 3위에 빛난다.

어울리는 로스팅

미디엄 로스팅~
풀시티 로스팅

이럴 때 마셔요

오후의 기분 전환으로 부드러운 향미를 머금은 한 잔.

향미

강하면서도 부드러운 바디, 적당한 신맛, 마일드한 단맛이 조화된 균형 잡힌 맛.

콜롬비아에는 안데스산맥을 비롯해 내륙부를 남북으로 가로지르는 3개의 산맥이 있어 1,200m~2,000m의 고지대에서 커피가 재배된다. 연안부의 평지는 열대우림기후지만 고지대는 선선하고 온난한 기후로 커피 재배에 이상적인 토지이다. 밤낮 기온차가 크고 우기가 연 2회이며, 토양이 화산재를 많이 함유하는 등 좋은 조건을 두루 갖추고 있다. 나아가 남부, 중부, 북부의 환경 차이로 인해 다채로운 커피를 생산할 수 있기 때문에 신맛, 단맛, 쓴맛이 균형 있게 어우러진 커피가 되는 것이다.

품종은 버번, 티피카, 카투라, 마라고지페 등 모두 아라비카종이다. 사람이 손으로 일일이 수확하며 정제법은 대개 워시드이다. 1972년에 설립된 '콜롬비아국립커피생산자연합회(FNC)'가 고품질 커피를 안정적으로 공급하기 위해 힘쓰고 있다.

인기 원두 4

프루티 하고 품격 있는 신맛를 느낄 수 있는 '커피의 귀부인'

모카

에티오피아의 내추럴 정제 광경이다. 에티오피아는 아라비카종의 발상지이며 현재까지도 커피가 주된 생산품이다.

어울리는 로스팅

미디엄 로스팅~
하이 로스팅

이럴 때 마셔요

상쾌한 아침에 하루를 깨우는 한 잔.

일본에서는 예로부터 '모카'라는 원두가 유명하다. 이러한 이름이 붙는 커피에는 중동 예멘산 '모카 마타리'와 바다 건너 아프리카 에티오피아산 '모카 시다모', '모카 하라' 등이 있다.

이것들이 통칭 '모카'로 불리는 이유는 과거 예멘 모카항에서 예멘산과 에티오피아산 커피가 혼합된 상태로 수출되었기 때문이다. 최근에는 각각의 브랜드명으로 판매되는 경우도 늘고 있다.

예멘산 '모카 마타리'는 프루티한 신맛이 특징으로 품종은 아라비카종 티피카와 버번, 그 밖의 고유 재래종이다. 정제법은 내추럴이다. 에티오피아산 '이르가체페'도 높은 인기를 얻고 있는데, 프루티한 신맛과 뛰어난 향을 자랑하며 품종은 아라비카종의 고유 재래종이다. 정제법은 내추럴과 워시드이다.

향미

프루티한 신맛과 뛰어난 향을 자랑하며, 신맛 속에서 은은한 단맛을 느낄 수 있다. 새콤달콤한 맛의 하모니가 매력적이다. 쓴맛은 거의 없다.

강한 신맛 뒤에 퍼지는 새콤달콤한 향과 고급스러운 뒷맛

킬리만자로

북부 킬리만자로의 커피는 남부보다 품질이 뛰어나다고 알려져 있으나 최근에는 남부의 커피도 품질이 오르는 추세이다.

어울리는 로스팅

미디엄 로스팅~
시티 로스팅

이럴 때 마셔요

오전 업무 중 휴식 타임에
즐기는 새콤달콤한 향과
바디를 머금은 한 잔

향미

화사하고 프루티한 신맛과 새콤달콤한 향이 입안에 퍼진다. 개운하고 고급스러운 뒷맛도 인기다.

킬리만자로는 탄자니아 북동부에 우뚝 솟은 고도 5,895m의 아프리카 최고봉 킬리만자로 산에서 유래한 이름이다. 하지만 탄자니아 국내에서는 북동부 킬리만자로 산기슭 외 남부 고지대에서도 재배되고 있으며, 부코바(Bukoba) 지방에서 난 것 외에는 모두 '킬리만자로'라는 이름으로 유통되고 있다. 일본에서는 과거 헤밍웨이 원작의 영화 「킬리만자로의 눈」의 흥행을 계기로 인기를 얻게 되었다는 설이 있다.

일본인이 떠올리는 뛰어난 신맛과 새콤달콤한 향을 가진 '킬리만자로'는 북부에서 재배되는 아라비카종으로, 남부에서 생산되는 커피는 달콤한 과일 계통의 맛이 특징이다. 품종은 버번, 티피카, 켄트 등이 있다. 탄자니아에는 아라비카종이 대부분을 차지하며 워시드 방식으로 정제한다.

인기 원두 6

밸런스를 중시하는 고급 커피의 대명사

블루마운틴

과거 일본은 블루마운틴 커피의 시장 확보와 생산 개발을 위한 차관(자금 융자)을 지원했을 정도로 인연이 깊다.

어울리는 로스팅

미디엄 로스팅~
하이 로스팅

이럴 때 마셔요

손님이 찾아온 특별한 날에
호화로운 기분으로 한 잔

블루마운틴은 '자메이카 법률에 명시된 블루마운틴 지역에서 생산되고 법률로 지정된 정제 및 가공 공장에서 처리된 커피'에만 붙여지는 희귀한 명칭이다. 주요 수출국은 일본 · 영국 · 캐나다 · 미국이다. 일본에서 고급 커피로 분류된 까닭은 수입을 시작할 당시 자메이카가 영국령이었던 것을 빌어 '영국 왕실 납품'이라는 홍보 문구로 판매했던 것이 히트를 쳤기 때문이다. 1988년 허리케인 길버트에 의해 커피 농장이 파괴되었을 때 일본은 금전적인 원조를 통해 블루마운틴을 지원했다.
품종은 아라비카종 티피카이며 정제법은 워시드이다. 품질 관리가 어렵기 때문에 희소 가치가 높고 나무통에 담겨 출하된다. 쓴맛과 단맛의 밸런스가 좋고 부드러운 신맛과 풍부한 향으로 인기를 얻고 있다.

향미

쓴맛, 신맛, 단맛의 밸런스가 좋으며 산뜻하고 달달한 고급스러운 향이다. 마셨을 때 부드러워 일본에서 인기가 많다.

인기 원두 7

산악 재배 특유의 호쾌함과 강한 바디가 특징

과테말라

산간 지대가 많고 토양이 화산재를 함유하고 있어 커피 재배에 최적인 과테말라. '과테말라커피협회(ANACAFE)'가 연구, 지도, 선전을 도맡아 하며 커피 산업을 지탱하고 있다. 품종과 정제법은 대부분 아라비카종과 워시드이다. 바디, 단맛, 신맛이 조화롭게 어우러진 맛이며 '안티구아' 지역에서 재배된 커피는 최고 품질로서 인기이다.

어울리는 로스팅

하이 로스팅~풀시티 로스팅

이럴 때 마셔요

하루 업무를 마무리하며 즐기는 풍부한 바디와 달콤함이 깃든 한 잔.

향미

달콤한 향을 비롯해 부드러운 신맛과 쓴맛, 적당한 바디로 상큼한 뒷맛을 선사한다.

적당한 바디와 단맛을 느낄 수 있는 과테말라

인기 원두 8

커피 이미지를 뒤집는 독특한 단맛과 신맛

하와이 코나

하와이 코나는 하와이섬 코나 지역에서 재배된 커피에 붙여지는 명칭이다. 생산량이 적어 희소가치가 있고 미국 백악관 만찬회에서 제공되는 커피로도 유명하다. 품종은 아라비카종 티피카이며 정제법은 워시드이다. 부드러운 신맛과 달콤한 향을 내며 쓴맛은 적다. 바디가 있고 기품이 느껴지는 상쾌한 맛이 특징이다.

어울리는 로스팅

미디엄 로스팅~풀시티 로스팅

이럴 때 마셔요

휴일이나 느긋하게 보내고 싶은 날 우아하게 한 잔.

향미

쓴맛이 적고 부드러운 신맛과 달콤한 향을 내어 마무리가 상쾌하다.

부드러운 신맛과 기품이 느껴지는 하와이 코나

커피의 유통

세계 각국의 농장에서 생산된 커피는 어떻게 우리 곁에 도착하는 걸까? 생산국에 따른 차이는 있지만, 이 장에서는 대략적인 커피의 유통 경로를 소개합니다.

커피는 생두 형태로 거래된다

농장에서 수확된 커피는 생두 형태로 거래된다. 대규모 농장에서는 정제까지 도맡아 하지만 소규모 개인 농장의 경우 수확한 열매를 정제 업자에게 판매해 그곳에서 핸드픽까지 진행하는 경우가 많다. 도중에 중매인이 개입하는 경우도 있지만, 최종적으로는 수출업자에게 모이게 된 생두가 바다를 건너게 된다. 일본의 상사가 수입한 커피 생두는 생두 도매상 및 로스팅 업자에게 판매되며, 거기서 로스팅된 원두를 카페와 원두 전문점이 구매한다. 최근에는 상사 및 생두 도매상으로부터 직접 구매한 생두를 독자적으로 로스팅하여 판매하는 카페 등도 늘고 있다.

대형 제조업자 및 커피 프랜차이즈의 경우 커피의 생산, 수출, 로스팅, 판매를 일괄적으로 관리하는 케이스도 있다.

커피 농장에서 카페까지 커피의 유통 과정

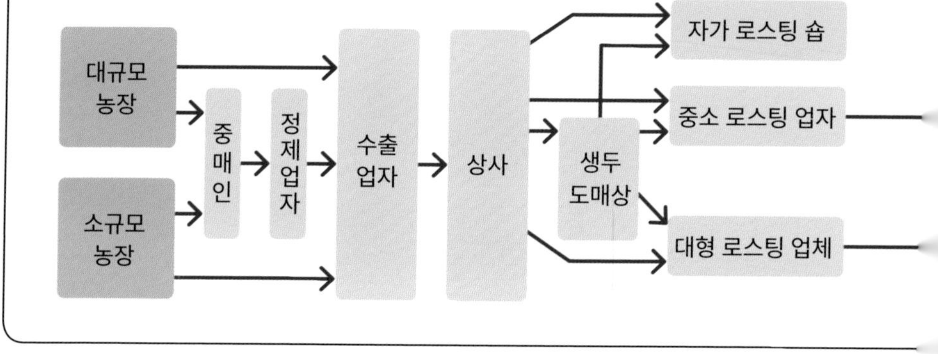

1. 세계의 커피 생산량 (2016년)

브라질 · 베트남 · 콜롬비아 3개국에서 전세계 절반 이상의 커피를 생산 중인 것을 알 수 있다.

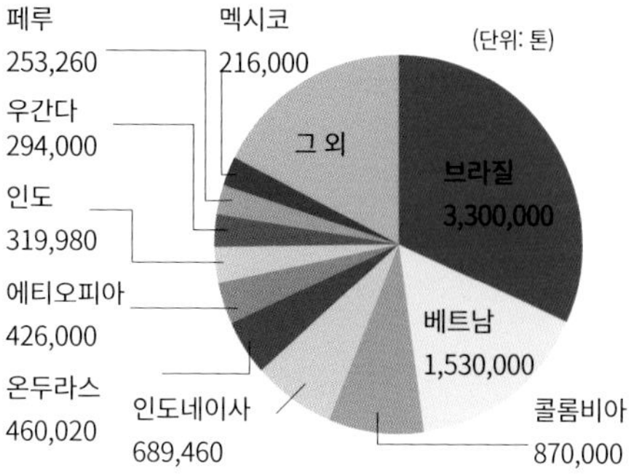

2. 일본의 커피 생두 국가별 수입량 (2016년)

일본에 수입되는 커피의 약 1/3이 브라질산이다. 자메이카와 하와이는 최근 가격이 급등하여 수입량이 줄고 있다.

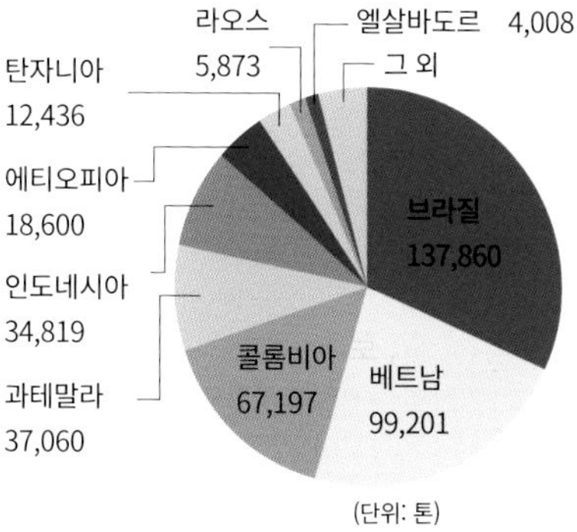

3. 세계의 1인당 커피 소비량 (2015년)

EU 수치에 포함되어 있지만 핀란드는 사실 노르웨이 이상으로 소비량이 많은 편이다.

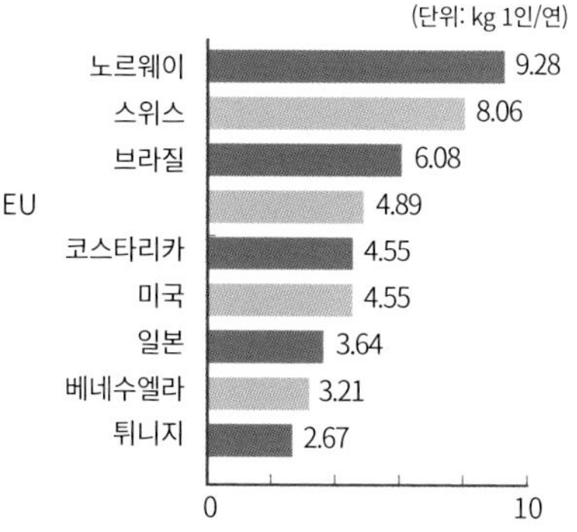

1의 출전 · 참조: ICO(International Coffee Organization) 2, 3의 출전 · 참조: 전일본커피협회

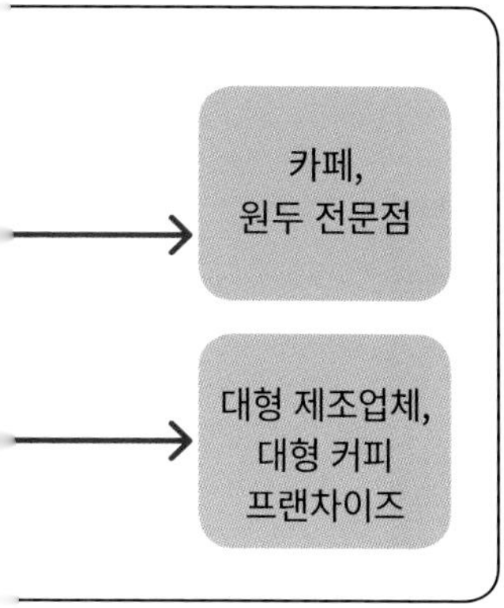

Column

뉴 크롭, 올드 크롭이란?

크롭은 '수확물'로 번역할 수 있다. 뉴 크롭은 수확된 지 1년 이내의 커피를 뜻하며, 패스트 크롭은 전년도에 수확된 커피를 뜻한다. 올드 크롭은 수확된 지 2년 이상 된 커피를 뜻한다. 생두는 선도가 높을수록 그 맛이 극대화된다. 뉴 크롭은 수분량 10~11%로 짙은 녹색을 띠지만, 해가 지날수록 색이 옅어지고 수분이 빠져 마일드한 맛으로 변한다.

서스테이너블 커피
(Sustainable Coffee)

서스테이너블이란 '지속 가능'이라는 뜻입니다. 자연과 생산자의 양 측면에서 지속적이고 안정적으로 커피를 생산해 나가기 위한 노력입니다.

소비자도 생산자도 자연과 인간의 공존을 위하여

커피 생산은 천재지변과 병충해 등 자연환경에 크게 좌우되는 측면이 있다. 또한, 상품선물거래 대상으로 취급되어 가격이 크게 요동치기도 한다. 커피 생산국 중에는 가난한 곳도 있어 부유한 소비국에서의 가격 경쟁력을 위해 값싼 노동을 강요하는 구조도 있었다. 하지만 소규모 농장에서는 생산 비용을 낮출 방법이 없다.

즉 환경, 노동, 유통 등 중첩된 문제를 해결하고 질 좋은 커피를 부담 없이 안정적으로 생산할 수 있는 환경을 조성하는 것은 소비 국가들에게 주어진 과제이기도 하다. 이 장에서는 '지속 가능한' 시스템 3가지를 소개한다.

자연에도 몸에도 부담 없이 안전한 커피

올가닉 커피(Organic Coffee) (유기농 커피)

일본의 유기 농산물에는 '퇴비 등으로 토양을 조성하여 화학 합성 비료와 농약을 사용하지 않을 것을 원칙으로 하며, 토양의 성질에서 유래한 생산력을 충분히 발휘해 환경 부담을 최소화한 재배 관리법을 시행 중인 곳에서 생산할 것'이라는 규격이 있다.

유기농 커피 또한 과거 3년 이상 금지된 농약과 화학 비료를 사용하지 않은 농장에서 재배한 것이어야 한다는 인증 조건이 있다. 일본 농림수산성에 등록된 제3의 기관에서 인증된 농장의 커피만이 '유기 커피', '유기 JAS 마크'를 표시할 수 있다.

산림과 철새가 공생하는 커피를 인증하는

버드 프렌들리 커피
(Bird Friendly Coffee)

커피 재배는 고지대의 서늘한 장소를 필요로 하기 때문에 많은 농장이 산악 지대에 위치한다. 또한, 기계가 들어갈 수 없는 산간 지역에서는 손으로 하나하나 수확하는 경우가 대부분이다. 그러나 대량 생산으로 인해 수확의 기계화와 생산 비용 절감이 요구되면서 그늘을 위한 셰이드 트리를 벌목하려는 움직임이 생겼다. 이에 따라 철새의 휴식처인 산림이 감소하면서 철새 자체도 줄고 있다는 사실이 밝혀졌다.

이에 미국 스미소니언 철새 센터가 1999년에 '버드 프렌들리 커피'라는 인증 프로그램을 발족했다. 유기 재배를 시행하며 숲에 11종 이상의 수종이 있고, 이 중 약 20%가 15m 이상의 대목(大木), 약 60%가 12m 이상의 중목(中木)일 것 등의 인증 기준을 마련하여 숲과 철새, 생산자를 보호하는 농법을 시행하고 있다. 전통적인 농장에서는 우거진 셰이드 트리를 활용한 혼합 농법이 이루어지고 있다.

※ 혼합 농법(Agroforestry): 농업을 하면서 숲을 재생시키는 농법. 수목 사이에서 농작물을 재배하고 가축을 사육한다.

생산자를 보호하고 가격과 품질을 보장하는

페어 트레이드 인증 커피
(Fair Trade Certified Coffee)

커피 생산자 중에는 개발도상국에 위치한 소규모 농가 비중이 많다. 그러나 거래가는 런던과 뉴욕의 국제 마켓 시장에서 정해지며 가격 협상 또한 중간 업자의 몫이기 때문에 생각 만큼의 수입을 얻지 못하는 게 현실이다.

이에 1997년 일본을 비롯한 14개의 추진 조직에 의해 '국제페어트레이드라벨기구'가 설립되었다(현재 약 30개 추진 조직). '페어 트레이드 가격'을 책정하여 마켓 가격이 하락하더라도 생산자로부터 구매한 사람은 '페어 트레이드 가격' 이상을 보증해야 한다는 규칙을 만들었다. 또한 소규모 농가도 생산자 조합을 만들어 단체의 힘으로 생산 능력을 높이고 시장에서 직접 협상할 수 있게 되었다.

로스팅이란 무엇일까?

로스팅(배전)이란 생두를 볶는 공정입니다. 산지, 품종, 정제법 등에 의해 탄생한 커피 본연의 개성을 끌어내 맛있는 커피의 토대를 만드는 매우 중요한 작업입니다.

커피의 생두는 열의 작용으로 변화한다

'로스팅'이란 커피콩을 볶는 공정이다. 커피콩이라 하면 검고 반질반질한 외양과 고소한 냄새가 떠오르지만, 이는 이미 로스팅을 마친 커피콩이다.

정제, 탈각 등의 처리를 거친 커피 생두는 연녹색에 가까운 빛깔을 띤다. 생두는 무미에 가까우며 풋내가 나기 때문에 식료품으로는 적합하지 않다. 이러한 생두를 로스팅해야 비로소 커피다운 향이 나타난다.

그렇다면 로스팅에 의해 커피는 어떻게 변화하는 걸까? 먼저 연녹색의 생두에 열을 가하면 내부의 수분이 조금씩 빠져나가 흰색으로 변해 간다. 다음으로 열을 흡수한 콩이 수축하기 시작하며 색은 흰색에서 노란색, 나아가 갈색으로 변한다. 그리고 열이 더 가해지면 커피 내부의 압력이 높아져 팝콘처럼 톡톡 터지는 소리가 나기 시작한다. 이것을 '크랙(crack)'이라고 한다. 크랙에는 처음 가열할 때 발생하는 '1차 크랙'과 그 후 발생하는 '2차 크랙'이 있다. 크랙을 반복할수록 알갱이가 팽창하여 부피가 커지고 반대로 무게는 줄어든다.

이윽고 콩 내부의 유지(油脂)가 표면에 배어 나와 커피 고유의 초콜릿색과 광택을 띠게 되면 로스팅이 완성된다.

로스팅에 따른 생두의 변화

로스팅 전

사용된 커피콩은 과테말라 산 '라 폴리'(버번종, 티피카종, 카투라종의 혼합)

- **색** 연녹색
- **향** 풋내
- **맛** 거의 없음

1. 수분이 증발하여 희끄무레한 살구색이 된다.

2. 콩 전체가 수축하여 표면에 주름이 생긴다

3. 콩이 팽창하며 파열음(1차 크랙)이 발생한다.

4. 콩의 주름이 펴지고 두 번째 파열음(2차 크랙)이 발생한다.

5. 지방분이 표면에 배어 나와 광택이 생긴다.

로스팅 후

- **색** 초콜릿색
- **향** 캐러멜화된 고소한 향
- **맛** 쓰다

선호하는 볶음도를 찾으려면

같은 생두라도 볶음도에 따라 맛이 변하게 됩니다. 좋아하는 커피라도 볶음도를 바꿔 시음해 보면 새로운 맛과 향을 접할 수 있습니다.

볶음도를 바꿔 시음해 보자

볶음도는 커피의 맛을 결정 짓는 중요한 요소 중 하나로, 같은 생두라도 볶음도를 달리하면 맛이 놀랄 정도로 변화한다. 입맛에 맞는 커피를 찾기 위해서는 볶음도에 따른 맛의 변화를 파악하는 것이 중요하다. 볶음도는 커피 전문점 및 로스팅 가게별로 독자적인 기준을 두는 경우가 많아, 커피 종류와 볶음도가 같다고 해서 모두 같은 맛을 내는 것은 아니다. 단 약볶음일수록 신맛이 강하고 강볶음일수록 쓴맛이 강해진다는 것은 모든 커피의 공통적인 특징이다. 이는 로스팅에 의한 화학 변화가 커피 안에서 신맛과 쓴맛을 생성하기 때문이다. 선호하는 볶음도를 찾을 때는 '신맛'과 '쓴맛'을 기준으로 시음해 보는 것을 추천한다.

시음 전에 알아 두면 좋은 배경지식

1. 신맛과 쓴맛은 볶음도가 결정한다.

커피의 '신맛'과 '쓴맛'은 콩의 차이가 아닌 볶음도의 차이가 결정 짓는 것이 대부분. 초심자는 오해하기 쉬우므로 주의하자.

2. 볶음도는 가게에 따라 다르다.

볶음도는 커피 전문점 및 로스팅 가게별로 기준을 따로 두는 경우가 많아 시음할 때에는 잘 확인해야 한다.

3. 설탕을 넣을 경우에는 강볶음을 추천

커피에 설탕이나 우유를 넣는 걸 좋아한다면 쓴맛이 강한 '강볶음'을 추천한다. 단맛이 한층 돋보이게 된다.

입맛에 맞는 볶음도를 찾는 법

좀 더 쓴맛을 원한다면

'강볶음'을 마셔 본다

쓴맛이 강한 것을 선호한다면 강볶음을 선택하자. 농후한 향은 덤이다.

풀시티 로스트

프렌치 로스트

이탈리안 로스트

좀 더 신맛을 원한다면

'약볶음'을 마셔 본다

스페셜티 커피에 많은 약볶음. 독특한 신맛을 느껴보고 싶은 사람에게도 추천한다.

미디엄 로스트

'중볶음'을 마셔 본다

비교적 균일한 맛을 내므로 효율적인 시음을 위해 중볶음을 기준으로 삼아보자.

하이 로스트

시티 로스트

입맛을 알았다면 커피 종류를 바꿔서 마셔 보자

먼저 좋아하는 커피를 '중볶음'으로 마셔 보자. 커피숍 및 판매점에 따라서 '중강볶음'이라는 표현을 사용하는 곳도 있는데 이러한 경우에는 '시티 로스팅'인지 '하이 로스팅'인지 여부를 확인해 보라.

중볶음된 커피를 마셔 보고 '쓴맛'과 '신맛' 중 어떤 맛이 더 나오기를 원하는지 되짚어 보면 입맛에 딱 맞는 볶음도를 알 수 있다. 본인 입맛의 볶음도를 알았다면 이번에는 다른 종류의 커피를 같은 방식으로 시음해 본다. 여태 맛 없게 느껴졌던 커피도 볶음도를 바꿔 마셔 보면 '의외로 입에 맞는다'고 느낄 수 있다.

볶음도의 차이를 알면 커피의 매력을 보다 심도 있게 느낄 수 있다.

로스터기에 대해 알아보자

많은 커피콩을 한꺼번에 로스팅할 수 있는 상업용 로스터기에는 주로 3가지 유형이 있으며, 각각 장점과 단점을 갖고 있습니다.

다채로운 맛을 이끌어내는 로스터기의 구조를 알아보자

로스터기는 생두를 가열하는 방식을 통해 3가지 유형으로 나뉜다. '직화식'은 그물 형태로 구멍을 낸 드럼에 직접적으로 열원을 쬐어 가열하는 방식이다. 그물코를 통과한 불이 직접 생두를 볶게 되어 고온 로스팅이 가능하다. 그러나 균일하게 익히기 어려워 대량 로스팅에는 적합지 않다는 단점이 있다.

'열풍식'은 구멍이 없는 드럼 안으로 열풍을 불어 넣어 로스팅하는 방법이다. 열이 균등하게 전달되기 때문에 고르게 익고 대량 로스팅에도 적합하지만 향미는 약간 덜해진다. '반열풍식'은 초심자도 온도 관리가 용이하다는 장점이 있어 오늘날 업소 로스터기의 주류로 자리 잡았다.

로스터기의 유형

직화식

커피콩이 들어 있는 드럼을 회전하면서 직접 불을 쬐어 로스팅한다. 열풍과 연기는 드럼을 지나 배기관으로 빠져나간다.

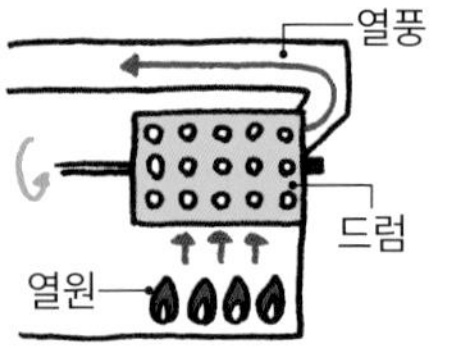

장점 직화에 의한 고온 로스팅이 가능하다.
단점 균일하게 익히기 어렵다.

열풍식

열원을 직접 드럼에 닿게 하지 않고 열원에서 발생한 열풍을 드럼 안으로 불어 넣어 로스팅한다. 연기와 열풍은 배기관으로 빠져나간다.

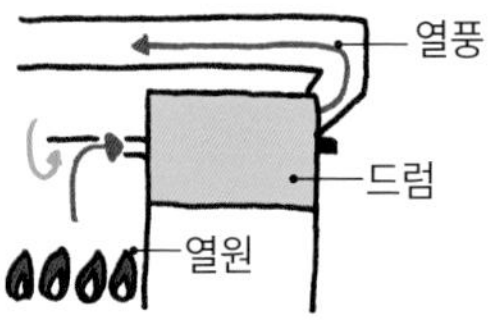

장점 커피를 균등하게 로스팅할 수 있다.
단점 향미가 약해진다.

반열풍식

회전하는 드럼에 든 콩을 직화와 열풍을 동시에 사용하여 로스팅한다. 드럼을 통과한 열풍은 연기와 함께 배기관으로 빠져나간다.

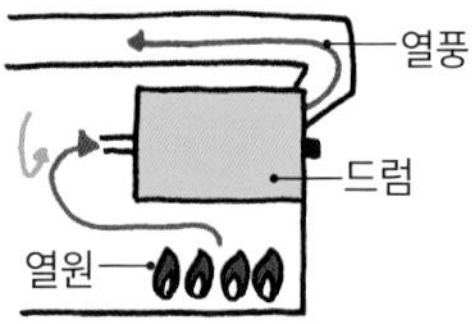

장점 온도 관리가 용이해 초심자에게 적합하다.
단점 고온으로 인해 표면이 타기 쉽다.

로스터기의 구조

드럼
회전하는 철제 실린더이다.
이 안에서 커피가 로스팅된다.

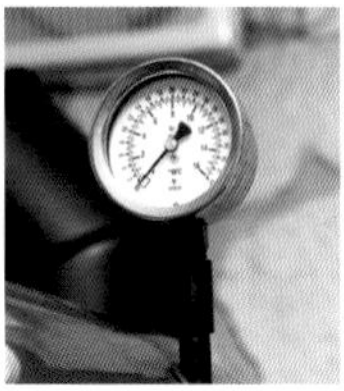

호퍼
이곳으로 커피콩을 투입해 드럼 내부로 보낸다.

가스 압력계
화력의 판단 기준이 된다. 압력이 높을수록 강한 불이다.

배기 댐퍼
로스팅 시 순환하는 공기 흐름을 조정한다.

샘플 스푼
로스팅 도중에 빼내 커피 상태를 확인하는 스푼이다.

쿨링빈 (냉각조)
원하는 볶음도에 머물기 위한 냉각조이다.

확인 창
드럼 속 콩의 상태를 확인하는 창이다.

채프 콜렉터
로스팅 시 떨어져 나온 얇은 막(채프)이 모인다.

제품명 **디드릭**

미국제 반열풍식 로스터기. 맛의 저하를 초래하는 불완전 연소 가스의 발생이 적은 것이 특징이다. 조작은 한 명이 진행한다. 이 모델은 한 번에 최대 3kg까지 로스팅할 수 있다.

조작판
가스 점화 등 기계 가동을 조작한다.

로스팅의 과정

커피 맛의 토대를 만드는 로스팅은 어떠한 과정을 거칠까요? 이 장에서는 전문가가 취급하는 로스터기를 바탕으로 로스팅의 구체적인 흐름과 포인트를 설명합니다.

로스팅의 포인트

온도
로스팅 과정에서의 섬세한 온도 설정이 완성 시 퀄리티를 좌우한다.

투입량
생두 투입량으로 온도 관리 방법이 좌우되므로 정확히 계량한다.

색깔
생두의 색 변화를 체크하며 볶음도를 파악한다.

크랙음
1차와 2차가 있으며 로스팅을 중단할 타이밍의 척도가 된다.

시간
커피의 맛과 향은 짧은 시간 안에도 변화하므로 주의한다.

온도와 시간을 관리해 퀄리티를 높인다

로스팅은 온도 관리가 중요하다. 로스터기에 투입하는 커피 양에 따라 온도 관리 요령이 달라지므로 투입량은 저울에 달아 정확히 계량한다.

로스터기 안에서 콩이 가열되기 시작하면 수분이 증발해 채프가 떨어져 나온다. 이어서 '탁탁' 하는 크랙음이 들리며 고소한 향이 올라온다. 콩의 색깔과 크랙 소리를 관찰하며 내부의 온도를 조절해 나가는 것이 중요하다. 이를 통해 커피의 맛과 퀄리티가 결정된다 해도 과언이 아니다.

생각대로 맛을 표현해 내기 위해 온도와 가열 시간을 의도적으로 바꾸는 등 로스팅 방법은 저마다 다르다. 크랙을 일으키는 타이밍은 로스팅하는 사람의 실력을 엿볼 수 있는 순간이기도 하다.

로스팅 전후의 핸드픽

로스팅 전후로 커피의 향미에 악영향을 끼치는 결점두를 골라 제거합니다.

로스팅 전에 발견되는 결점두

[벌레 먹은 콩]

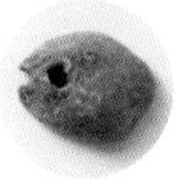

작은 벌레가 산란한 흔적이 있으며 악취의 원인이 된다.

[곰팡이 핀 콩]

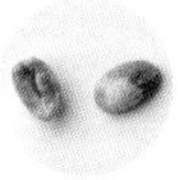

보관 과정에서 습기에 노출되어 곰팡이가 핀 콩이다.

[드라이 체리(dry cherry)]

탈각 불량 등으로 과육이 남은 것. 불쾌한 냄새를 발산한다.

[블랙빈(Black Bean)]

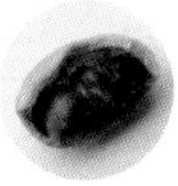

과잉 발효 등으로 변색된 것. 부패한 냄새의 원인이 된다.

[데드빈(Dead Bean)]

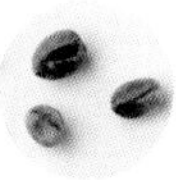

정상적으로 열매를 맺지 못한 흰색 콩. 냄새의 원인이 된다.

[파치먼트(Parchment)]

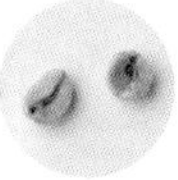

탈각 시 내과피가 남은 것. 떫은맛 또는 아린 맛의 원인이 된다.

첫 번째

로스팅 전 핸드픽의 주의점

색과 광택, 형태가 다른 것을 제거한다. '아깝다'는 생각 말고 눈에 띈 것은 주저 없이 버린다.

로스팅 후에 발견되는 결점두

[깨진 콩]

생두를 탈각시킬 때 마찰과 압력에 의해 깨진 것이다.

[조개껍데기 콩]

유전적인 요인 등으로 표면이 깨진 조개껍데기와 같은 형상을 띤 콩이다.

[덜 익은 콩]

미성숙한 상태에서 수확된 것. 로스팅하면 이상한 색으로 변한다.

[탄 콩]

균일하게 볶아지지 않아 표면이 얼룩지거나 너무 볶아서 타버린 콩이다.

두 번째

로스팅 후 핸드픽의 주의점

타버린 원두 등을 제거한다. 흰색 트레이를 사용하거나 자연광, 형광등 밑에서 진행하면 구별이 쉽다.

홈 로스팅을 해보자

로스터기 없이 로스팅하는 방법이 있다는 걸 알고 계시나요? 이 장에서는 집에서 쉽게 할 수 있는 '홈 로스팅'을 소개합니다. 요령을 익혀 볶음도를 직접 커스터마이징해 봅시다.

쉽게 도전할 수 있는 수망 로스팅

로스팅은 로스터기와 같이 커다란 기계가 필요하다고 생각되기 일쑤지만 일상적인 도구로도 쉽게 할 수 있다. 홈 로스팅(집에서 하는 로스팅)이 화제를 모으고 있는 가운데, '로스팅을 직접 체험해 보고 싶다'는 분은 수망을 이용한 '수망 로스팅'부터 시작해 보는 건 어떨까?

수망은 로스팅 도중 콩이 밖으로 튀어 나가지 않도록 뚜껑을 덮어주면 좋다. 열원이 될 불은 휴대용 가스버너로도 충분하다. 로스팅이 시작되면 채프가 날리기 때문에 청소하기 쉬운 장소에서 하는 것을 추천한다. 로스팅 중에는 콩의 온도가 200도 넘게 오르기 때문에 장갑은 필수이다. 또 로스팅이 다 된 원두를 식힐 때 사용할 소쿠리는 타지 않는 스테인레스 재질을 선택한다.

수망 로스팅의 장점은 색의 변화를 육안으로 체크할 수 있어 1차 크랙 및 2차 크랙 이후 로스팅을 중단할 타이밍을 잡기 쉽다는 점이다. 따라서 선호하는 볶음도를 자유자재로 설정할 수 있다. 한편 골고루 볶아지도록 망을 움직이는 요령이 손에 익기까지 시간이 필요할 수 있다. 그럼에도 직접 로스팅한 원두는 수제라는 점에서 더할 나위 없는 만족감을 선사할 것이다.

로스팅 전후로 핸드픽 하는 것도 잊지 말자.

홈 로스팅의 주의점

- 채프가 날려 지저분해지므로 청소하기 쉬운 환경에서 진행한다.
- 연기가 발생하므로 환기구 아래에서 진행한다.
- 숙달되기 전에는 적은 양으로 진행한다.
- 로스팅 전후로 잊지 말고 핸드픽을 진행한다.

수망 로스팅에 필요한 것

먼저 홈 로스팅에 필요한 도구를 준비합니다.
철물점이나 생활용품점에서 구매 가능합니다.

생두 구매 방법

오프라인 판매점이 드물기 때문에 인터넷에서 사는 것이 편리하다. 수확 연도가 명시된 사이트에서 구매한다.

생두

사용할 양은 수망 사이즈에 맞춘다. 종류는 시중에서 저렴하게 판매되며 불에 잘 익는 브라질 등을 추천한다.

필요한 도구

가스버너
운반 가능한 휴대용 가스버너

수망(직경 13cm)
뚜껑이 있고 뒷면에 홈이 있는 타입을 추천

소쿠리
타 버릴 염려가 없는 스테인리스를 선택한다.

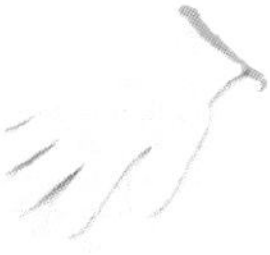

목장갑
로스팅 중 200도 가까운 온도에서 손을 보호해 준다.

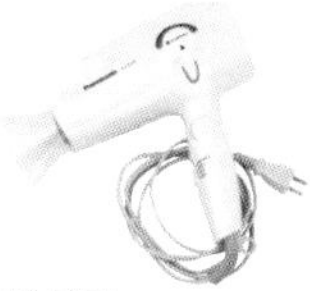

드라이기
로스팅이 끝난 원두를 식히는 데 사용한다.

스톱워치
로스팅을 중단할 타이밍을 재는 데 사용한다.

Column

로스팅할 생두는 정확히 계량한다

수망 로스팅 전에는 로스팅에 사용할 생두 계량을 잊지 말아야 한다. 볶는 온도가 일정한 경우에도 생두의 양에 따라 1차 크랙, 2차 크랙이 발생하는 타이밍은 변화한다. 수망 로스팅을 반복하며 최적의 볶음도를 찾기 위해서라도 근본이 될 생두는 정확히 계량하는 것이 좋다.

홈 로스팅의 순서

1. 수망에 생두를 넣는다.

생두를 계량하여 수망 안에 넣는다(사진은 50g 투입). 볶기 시작하면 콩이 튀어 오르기 때문에 뚜껑을 꽉 닫는다.

2. 버너를 중간 불로 한다.

버너를 중간 불로 세팅한다. 처음에는 30cm 떨어진 높이에서 가열한다. 망을 좌우로 흔들며 생두 전체에 균등하게 열을 전달한다.

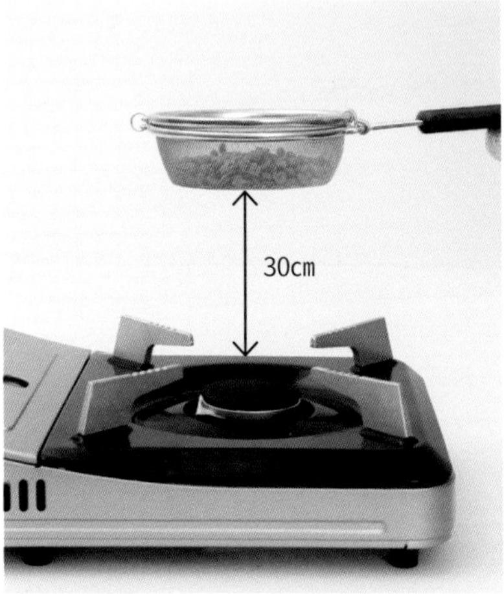

3. 생두의 수분이 빠진다.

수분이 빠지면서 연녹색이었던 콩이 구운 연갈색으로 변한다. 또한, 채프가 서서히 분리되기 시작한다.

4. 생두의 색을 균일하게 한다

망을 좌우로 흔들어 균일한 색으로 익히면서 가스 불에 조금씩 가깝게 한다. 최종적으로는 약 10cm 거리까지 내린다.

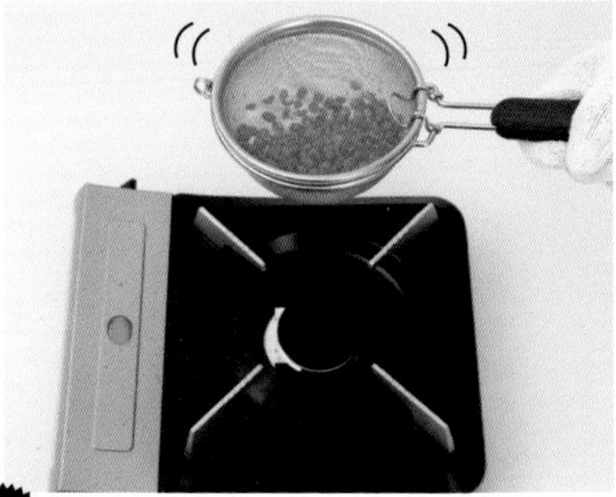

골고루 익히기 위해 망을 수평으로 흔든다. 기울여선 안 된다.

5. 1차 크랙이 시작된다.

로스팅 시작 후 10분 안팎으로 1차 크랙이 시작된다. '탁탁' 튀는 소리와 함께 채프와 연기가 많이 발생하나 신경 쓰지 말고 계속해서 망을 흔든다.

6. 볶음도를 조절한다.

1차 크랙이 끝난 후 2분 정도 경과하면 2차 크랙이 시작되므로 그 전에 불에서 망을 떨어뜨려 열의 양을 조절한다.

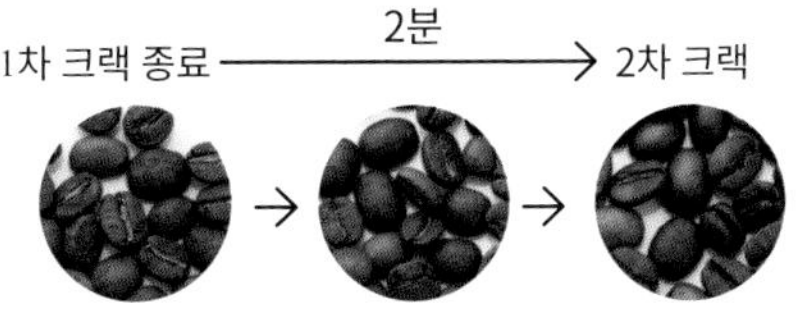

하이 로스트 시티 로스트 풀시티 로스트

7. 2차 크랙이 시작된다.

2차 크랙의 '팍팍' 튀는 소리가 난다. 2차 크랙 이후 로스팅을 중단하는 시기에 따라 프렌치 로스트에서 이탈리안 로스트로 변화한다.

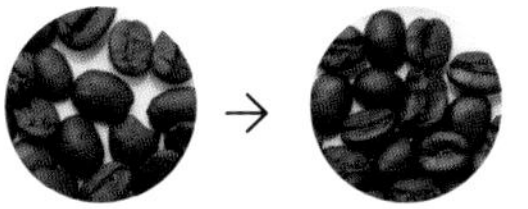

프렌치 로스트 이탈리안 로스트

이 이상 볶으면 타버리므로 주의한다.

8. 소쿠리에 옮겨 식힌다.

목표 볶음도에 다다르면 소쿠리에 옮긴다. 더 이상 로스팅이 진행되지 않도록 드라이기의 냉풍으로 1분 정도 식힌다.

가정용 로스터기

가정에서 전문적인 로스팅을 즐기고 싶다면 소형 로스터기와 수동 로스터기를 추천합니다. 최근 일어난 커피 붐으로 말미암아 다양한 모델이 시판되고 있습니다. 이 장에서는 그 일부를 소개합니다.

작은 사이즈가 장점인 가정용 로스터기

수망 로스팅은 볶음도 조절이 용이한 반면 망을 계속해서 움직여야 하고 채프로 인해 버너 주변이 지저분해진다는 단점이 있다. 더욱 전문적인 수제 로스팅을 즐기고 싶다면 가정에서 사용 가능한 전동 로스터기를 추천한다.

가정용 로스터기는 크기가 작아 부엌 한 쪽에 놓을 수 있다는 점이 포인트이다. 로스팅의 열원은 '가스'와 '전기'로 구분할 수 있으니 환기에 주의하며 평소에 사용하기 좋은 쪽을 선택하기 바란다. 최근에는 스마트폰과 연동하여 로스팅 공정을 기록할 수 있는 제품 등 최신 기술이 적용된 모델도 등장하고 있다.

그럼에도 아날로그한 수제 로스팅을 고집한다면 채프가 날리지 않는 수동 로스터기도 있다. 취향과 용도를 고려해 선택한다.

1. 가스식

직화식 로스팅의 맛을 즐길 수 있다!

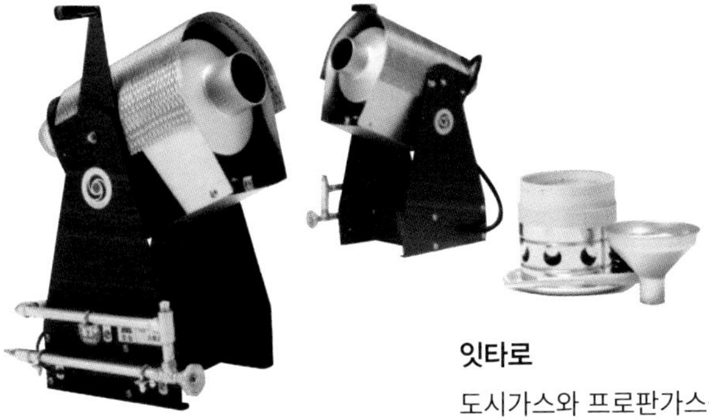

잇타로

도시가스와 프로판가스를 연결해 이용할 수 있는 모델이다. 1회 100~500g 정도의 로스팅이 가능하다. / 후지로얄

- 로스팅 방식: 직화식 로스팅
- 로스팅 양: 500g / 1회
- 사이즈: 폭 300mm x 너비 430mm x 높이 620mm

2. 수제 로스팅

버너 위에서 흔들어 주기만 하면 완성!

홈 로스팅 이리타테 메이진

버너 위에서 로스팅할 수 있는 도기제 수동 로스터기. 채프가 잘 날리지 않아 간편하다. / 이치노미야 물산

- 로스팅 방식: 직화식 로스팅
- 로스팅 양: 60g / 1회
- 폭 130mm x 너비 230mm x 높이 85mm

Column

로스터란?

로스팅을 통해 생두의 잠재력을 최대한으로 이끌어내기 위해서는 오랜 경험과 기술이 반드시 필요합니다. '로스터'란 로스팅 전반에 관한 폭넓은 지식을 갖춘 스페셜리스트입니다.

로스터에게 요구되는 능력

높은 로스팅 기술

로스터기에 관한 풍부한 지식을 활용하여 볶음도를 의도대로 조절한다.

커피에 관한 지식

본인이 취급하는 커피의 특징과 최적의 볶음도, 추출 방법을 숙지한다.

생산국에 관한 지식

생산지를 직접 방문해 재배 방법과 정제 기술 등 생산 환경을 체크한다.

최적의 볶음도를 발견해 내는 커피의 요리사

커피를 로스팅하는 사람에게 자격이 필요할까? 답은 'No'이다.
로스팅 자체에 국가시험이나 인증 자격은 없다. 극단적으로 말하면 누구든지 로스팅을 할 수 있다. 단 로스팅 전문가를 표방하는 이상 손님을 이해시킬 수 있는 지식과 기술을 갖춰야만 한다.
커피의 생두는 생산과 품종, 정제법별로 고유의 맛과 향을 지니고 있다. 이러한 커피의 개성을 최대한으로 살리는 볶음도를 찾아 일정한 퀄리티로 원두를 제공할 수 있는 것이 프로 '로스터'이다.
커피의 개성을 이끌어내는 로스팅 테크닉은 해당 커피에 관한 지식은 물론이고, 가열 시간과 화력 설정 등 '로스팅 프로파일'이라 불리는 각 공정의 세밀한 온도 관리 능력이 필수이다. 로스터는 테스트 로스팅을 반복하며 이 프로파일을 갈고 닦아 각 커피의 특징을 끌어낸다.
그 때문에 로스터를 셰프에 빗대는 경우도 많다. 같은 재료를 써도 요리하는 사람에 따라 맛이 변하는 것처럼 동일 품종이라도 로스터에 따라 커피 맛은 천차만별이다.

매입한 생두가 고객에게 제공되기까지

그해 사들인 커피콩은 어떤 과정을 거쳐 고객에게 제공되는 것일까?
카페 테낭고의 가야누마 요시유키의 사례를 소개합니다.

현지 출장/대량 매입

중남미의 커피 수확기는 11~3월. 샘플 커핑을 거쳐 선정한 생두를 구매한다. 한 번에 1년 치를 구매한다.

새로운 생두 도착/로스터기 유지 보수

구매한 생두는 8월경 입항하게 된다. 성수기에 대비해 로스터기의 유지 보수를 진행한다. 로스팅 작업 자체는 그리 많지 않다.

봄 여름

겨울 가을

볶음도를 결정한다.

새로운 생두의 입하 시기에 맞춰 콩을 교체한다. 테스트 로스팅을 반복하며 생두별로 가장 적합한 볶음도를 판별한다.

고객에게 제공한다.

겨울은 성수기다. 가을에 준비해 둔 베스트 로스팅 포인트에 따라 생두를 볶고 다음 해 새로 교체하기 전까지 판매한다.

로스터리 '카페 테낭고'의 오너 겸 로스터 가야누마 요시유키 씨.

매입부터 로스팅까지, 전문 로스터가 하는 일

중남미산 커피를 전문으로 하며 바이어도 도맡아 하는 가야누마 씨의 경우 봄이 생두의 매입 시기이다. 각지의 농장을 돌며 생두를 선정하고 농장주와 협상하여 그 해 사용될 양을 수입한다.

매입한 생두가 바다를 건너 도착하는 것은 가을 즈음이다. 이 시점에서 생두의 신구 교대가 이루어진다. 커피는 동일 품종이라도 상태가 매년 다르다. 따라서 테스트 로스팅을 반복하며 해당 연도의 로스팅 프로파일을 만드는 작업이 필수적이다. 일년 내내 이 프로파일을 적용한 커피를 제공한다.

주말의 작은 즐거움은
직접 내려마시는 커피
방금 그라인딩한 원두에
까다롭게 고른 드리퍼
다 됐다
쪼륵
쪼륵 쪼르륵
역시 드립 포트는 필수구나!

PART 2

추출 방식을 알자

커피를 어느 정도 이해했다면 다음은 기다리던 '추출' 작업입니다. 추출 기구의 종류와 기구에 맞게 맛있는 커피를 내리는 법을 통달합시다.

그라인딩에 대해

그라인딩에는 다양한 방법이 있으며, 추출 기구에 따라 입자 크기도 달라집니다. 원두를 분쇄할 때 공기 중에 퍼지는 풍부한 향은 커피의 매력을 다시 느끼게 해 줄 것입니다.

기구에 맞춰 입자 크기를 조정하자

원두를 갈 때는 밀이나 그라인더로 불리는 기구를 사용한다. 분쇄도를 대략 분류하면 굵은 분쇄, 중간 분쇄, 가는 분쇄 3종류가 있고, 에스프레소용 매우 가는 분쇄를 포함하면 4종류이다. 커피를 맛있게 내리기 위해서도 사용하는 추출 기구에 따라 분쇄도를 조절하는 것이 중요하다.

입자의 크기를 입도(粒度)라고 하며, 같은 원두라도 입자에 따라 맛이 크게 변화한다. 입자가 굵으면 성분이 덜 우러나와 맛이 연해지지만 잡미를 배제할 수 있다는 장점도 있다. 반대로 입자가 가늘면 성분이 잘 우러나오기 때문에 그만큼 맛이 진해진다. 다만 알싸한 잡미가 날 수 있어 드립 시 빠르게 우려내는 등 주의를 기울여야 한다.

원두는 갈아내는 순간에도 강한 향(아로마)을 발산한다. 아로마는 커피의 가장 큰 매력으로 꼽을 수 있는 만큼 커피를 만끽하는 순간은 이미 시작되었다고 할 수 있다.

단 원두를 분쇄하면 표면적이 증가하고 공기에 닿는 양이 많아지면서 산화가 촉진되어 향미가 저해된다. 그 때문에 추출하기 직전에 사용할 만큼만 분쇄하는 것이 철칙이다. 이 점만 지키면 훨씬 더 맛있는 커피를 즐길 수 있다.

분쇄의 종류

중간 분쇄

가장 일반적인 입자로 쓴맛과 신맛의 밸런스가 갖춰진 맛을 낸다. 핸드 드립과 커피 메이커, 사이펀 등 다양한 기구에 적합하기 때문에 활용도가 높다.

어울리는 기구

- 페이퍼 드립
- 융 드립
- 커피 메이커
- 사이펀

굵은 분쇄

입자가 크고 추출에 어느 정도 시간이 걸린다. 프렌치 프레스 등 가루를 물에 담가 추출하는 침출식에 적합하다. 쓴맛을 내는 성분이 억제되는 경향이 있고 잡미도 적다.

어울리는 기구

- 융 드립
- 프렌치 프레스

매우 가는 분쇄

입자가 가장 가늘며 파우더 상태에 가깝다. 진한 커피를 내리는 데 제격이며 에스프레소 머신과 모카포트 등에 사용된다. 가정용 밀로는 분쇄하기 힘들어 전용 밀을 필요로 한다.

어울리는 기구

- 에스프레소 머신
- 모카포트

가는 분쇄

입자가 가늘며 물에 닿는 표면적도 커서 성분이 잘 우러나온다. 진한 향미를 내며 쓴맛이 강한 커피와 잘 어울린다. 사이펀과 콜드브루에 적합하다.

어울리는 기구

- 페이퍼 드립
- 사이펀
- 콜드브루

커피 추출 방식의 종류

커피의 추출 방식은 다양합니다. 가정에서 가장 많이 쓰이는 핸드 드립을 비롯해 전용 기구를 사용한 특수한 추출 방식 등, 이 장에서는 추출 방식의 종류에 대해 알아보고 각각의 특징을 소개합니다.

추출 원리는 크게 2가지 기구에 따라 맛도 변화한다

커피의 추출 원리는 크게 '투과식'과 '침출식'으로 나뉘며 어떠한 추출 방식도 대개 이 두 가지 카테고리로 분류 가능하다. 투과식은 커피 가루에 온수를 통과시켜 성분을 추출하는 방식이다. 물의 양과 속도를 컨트롤하여 향미를 조정할 수 있지만 드립 기술도 다소 필요하다.

한편, 침출식은 커피 가루를 온수에 담가 성분을 추출하는 방식이다. 투과식보다 간단하기 때문에 초심자라도 쉽게 안정적인 맛을 낼 수 있다.

커피의 추출 방식 중 드리퍼에 페이퍼 필터를 고정해 추출하는 페이퍼 드립이 가장 많이 쓰인다. 그 밖에도 종이가 아닌 천 필터를 사용하는 융 드립이나 유럽에서 자주 사용되는 프렌치 프레스, 예로부터 카페에서 볼 수 있는 사이펀 등 다양한 추출 기구가 있다. 기구에 따라 추출되는 커피의 맛에도 차이가 있다.

2가지 추출 원리

[투과식]

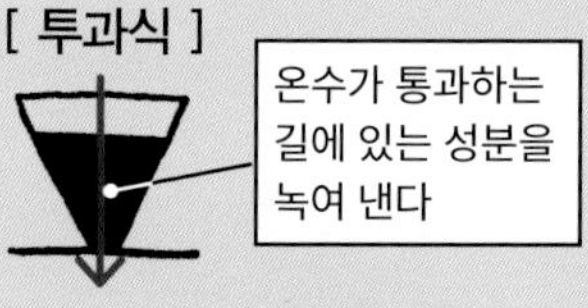

온수를 가루 위로 부어 아래로 통과시키면서 추출하는 방법. 통과하는 길에 있는 가루의 성분이 우러나기 때문에 어떻게 통과시킬지에 따라 맛이 크게 변화한다. 그 때문에 기술이 요구되는 경우가 많다.

[침출식]

커피 가루를 온수에 담가 추출하는 방법. 따라 놓은 물에 성분이 우러나오는 것을 기다리기만 하면 되어 큰 기술을 필요로 하지 않는다. 물의 양과 추출 시간에 따라 커피의 맛이 변한다.

다양한 추출법

투 …투과식 침 …침출식

핸드 드립

융 드립(천) → P110

페이퍼 드립(종이) → P90

원추형

물의 양과 추출 속도를 통해 맛을 변화시킬 수 있다.

하리오 투
→ P102

고노 투
→ P106

사다리꼴

누가 내려도 안정적인 맛이다.

멜리타 투
→ P90

칼리타 투
→ P94

칼리타 투 (웨이브)
→ P98

그 밖의 추출 방식

모카포트 침
→ P128
직화식으로 에스프레소와 같은 향미를 느낄 수 있다.

프렌치 프레스 침
→ P124
금속 필터로 원두의 감칠맛을 제대로 추출해 낸다.

사이펀 침
→ P118
실험기구와 같은 유려한 디자인이 매력적이다.

에스프레소 머신
→ P142
에스프레소를 추출하기 위한 전동 머신이다.

콜드브루 침
→ P135
커피 가루를 물에 담가 추출한다.

커피 메이커
→ P132
커피를 내리기 위한 전동 머신이다.

Column

드리퍼의 소재로 맛이 변할까?

드리퍼의 소재는 플라스틱 외에도 금속, 도자기, 유리 등으로 다양하다. 소재에 따라 맛이 변하는지 묻는다면 사실 그리 큰 영향은 없다. 다만 수제 도자기일 경우 개체 차이가 발생하기 때문에 바리스타용으로 카페에서 사용되는 것은 플라스틱제가 많다고 알려져 있다. 디자인으로 인한 차이가 크므로 그저 마음에 드는 것을 고르면 된다.

맛있는 커피를 내리기 위한 위시 리스트

드리퍼 외에, 가정에서 맛있는 커피를 내리기 위해 장만하고 싶은 제품들을 소개합니다. 커피의 완성도도 프로급으로 수직 상승합니다.

1. 밀

한 번에 30g까지 갈 수 있는 미니 전동 밀

고르는 방법

하루 한 잔 정도는 수동으로도 충분하다. 한 번에 여러 잔을 내리거나 하루에도 몇 번이나 마시는 경우 용량이 큰 전동 밀이 좋다. 사용할 때의 조건을 명확히 하면 나에게 맞는 밀을 쉽게 정할 수 있다.

세라믹제 칼날은 마찰열 발생을 막아준다.

풍부한 아로마가 맛을 2배로!

밀은 원두를 분쇄하는 데 쓰인다. 커피콩은 가게에 의뢰해 가루 상태로 구매할 수 있기 때문에 '필요 없지 않나?'라고 생각하지 쉽지만, 실제로는 밀이야 말로 장만해 두면 좋은 아이템이다.

커피는 신선도가 생명이다. 내리기 직전에 원두를 가는 것 만으로도 맛이 급격히 상승함은 물론, 어떤 원두라도 가정에서 즐길 수 있게 되어 당신의 커피 세계관이 단숨에 넓어질 것이다. 밀에는 수동과 전동이 있다. 위 '고르는 방법'과 같이 평소 자주 사용하는 상황에 맞춰 구입하도록 한다.

2. 드립 포트

고르는 방법

직접 들어보며 무게와 사이즈감을 확인하고 물이 담겼을 때 한 손으로 쉽게 다룰 수 있을지 체크해야 한다. 또한 평소 내리는 인원수에 적합한 사이즈를 구매해야 한다. 너무 작거나 크면 여러모로 불편하다.

드립 컨트롤을 위한 필수품

핸드 드립은 온수를 따르는 위치와 양을 컨트롤하는 것이 관건이다. 따라서 일반 주전자로는 어려울 수 있으니 전용 드립 포트를 사용하면 좋다. 드립 포트는 주둥이가 얇고 길며 S자형 곡선으로 되어 있는 것이 특징이다. 이러한 구조로 인해 가루와 가까운 위치에서부터 가늘고 차분하게 물을 따를 수 있다.

인덕션에서도 사용할 수 있는 하리오의 슬랜더 노즐 포트

칼리타의 슬랜더 노즐 포트는 프로 바리스타도 애용한다.

3. 계측도구

일정한 조건하에서 드립 기술을 연마하자

프로 바리스타가 반드시 사용한다고 해도 과언이 아닌 온도계, 저울, 타이머 등의 계측 도구. 원두의 양과 수온, 물의 양은 눈대중이나 감각만으로 판단하면 매번 달라지기 마련이다. 그러나 이것들을 정확히 계측해 두면 성공적으로 내려진 커피를 다음 번에도 재현할 수 있게 된다.

하리오의 드립 스케일은 추출량과 뜸들이는 시간을 타이머로 계측해 준다.

Column

알아 두면 좋은 원두 보관 방법

커피 원두는 밀폐된 병이나 차통 같은 용기에 넣어 직사 광선이 닿지 않는 서늘한 장소에 보관한다. 대량 구매 시에도 밀폐 용기에 넣어 냉동실에 보관해 두면 2~3개월간 선도를 유지할 수 있다. 커피 원두는 얼지 않으므로 해동은 신경 쓰지 않아도 된다. 그럼에도 마음에 걸린다면 내리기 전에 사용할 만큼만 냉장실로 옮겨 둔다.

드리퍼별 맛있게 커피 내리는 법

뜨거운 물양의 눈금선

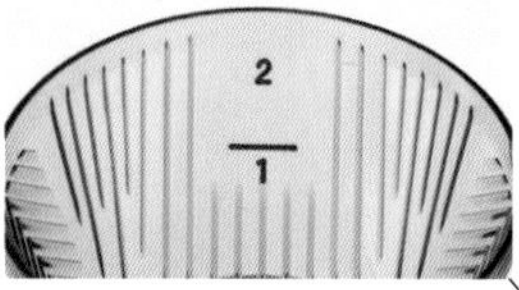

잔 수만큼의 뜨거운 물양을 나타내는 눈금선이 있기에, 그 높이까지 뜨거운 물을 부으면 된다.

초급자라도 간편하게 사용할 수 있다.

멜리타

아로마 필터

AF-M 1 × 2

- 2~4배용
- AS 수지제
- 투과식
- 추출 구멍의 수/1
- 커피 가루/1잔8g

한 개의 작은 구멍

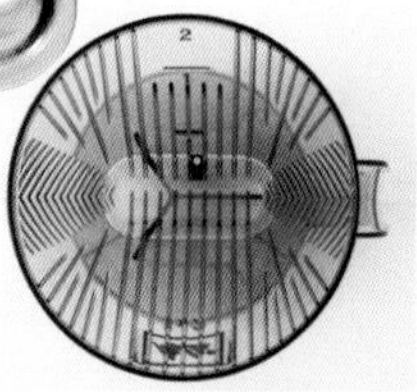

하나의 작은 구멍 필터. 안쪽의 구멍의 위치가 약간 높기 때문에 효율적으로 좋은 맛을 낼 수 있다.

독일에서 생겨난 전 세계 첫 종이 필터

'더 맛있는 커피를 손쉽게 내리고 싶다'라는 독일의 멜리타 부인에 의해 1908년에 종이 드립 시스템이 탄생했다.

뜸을 들인 후, 추출하고 싶은 양의 뜨거운 물을 한번에 붓고, 커피가 내려지기만을 기다리면 된다. 추출 구멍이 한 개이기에 천천히 추출되는 한편, 깊은 향미를 지닌 커피를 내릴 수 있다. 또한, 종이 필터에도 특징이 있다. 아로마 홀이라고 불리는 미세한 구멍이 열려, 추출 시 향의 성분을 부드럽게 통과시켜, 여분의 잡미나 지방분을 제거시키도록 고안되었다. 누구라도 안정적으로 내릴 수 있기에 초급자에게 적합하다.

1. 드리퍼를 올린다.

크기가 거의 일치한 서버의 위에 드리퍼를 올린다.

POINT

미리 드리퍼와 서버를 뜨거운 물로 데워두면 더욱 좋다.

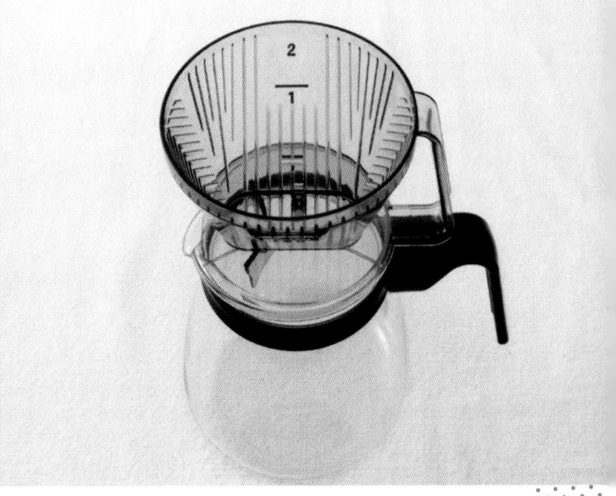

2. 페이퍼를 접는다.

사다리꼴의 페이퍼 필터의 측면과 밑에 있는 실 부분을 사진과 같이 번갈아가며 접는다.

POINT

가루를 넣는 필터 본체까지 접으면 균형이 나빠지기 때문에 반드시 실 부분만을 접는다.

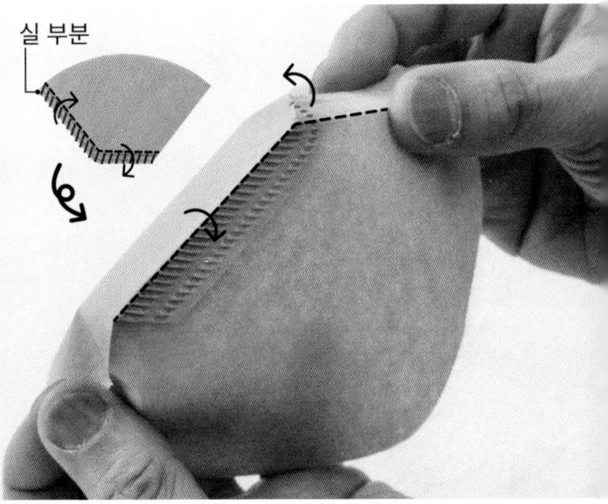

3. 페이퍼를 세팅한다.

드리퍼 내부에 페이퍼 필터를 넣는다.

POINT

페이퍼 필터의 접은 부분을 몇 번 눌러주면, 모양이 정돈된다.

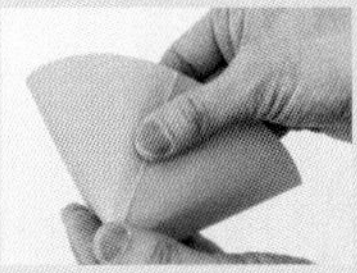

4. 커피 가루를 넣는다.

1잔당 8g 정도 잔 수만큼의 커피 가루를 페이퍼 필터 안에 넣는다.

5. 커피 가루를 고르게 한다.

드리퍼를 가볍게 흔들거나, 치거나 해서 가루의 표면을 평평하게 한다. 여기에서 깔끔하게 수평으로 해두면, 뜨거운 물을 부을 때 치우칠 가능성이 적다.

NG 너무 강하게 치면 뜨거운 물이 통하는 길이 나빠지기 때문에 주의한다.

6. 뜨거운 물을 붓고, 뜸을 들인다.

커피 가루의 중앙부터 뜨거운 물을 붓는다. 그리고 원을 그리듯 범위를 넓혀 가며 뜨거운 물을 가루 전체로 넓힌다. 아래에서부터 뜨거운 물이 떨어지면 붓는 것을 멈추고, 20~30초 뜸 들인다.

NG 커피가 내려지지 않고 맛이 연해지는 원인이므로 페이퍼에 가까운 가루의 가장자리나 페이퍼 자체에는 뜨거운 물을 붓지 않도록 조심한다.

7. 한꺼번에 뜨거운 물을 붓는다.

필요한 잔 수에 따라 드리퍼의 눈금까지 한꺼번에 뜨거운 물을 붓는다. 한꺼번에 붓고 추출하도록 구조가 설계되어 있으므로 모자라는 뜨거운 물을 더 붓지는 않는다.

8. 필요한 양에 도달할 때까지 기다린다.

서버에 잔 수만큼 커피가 추출될 때까지 기다린다.

9. 드리퍼를 서버에서 내린다.

잔의 수만큼이 추출되면, 바로 드리퍼를 서버에서 내린다.

POINT

알싸한 맛이나 잡미가 나지 않도록 뜨거운 물이 다 떨어지기 전에 드리퍼를 떼어낼 것.

4. 커피 가루를 고르게 한다.

드리퍼를 가볍게 흔들거나, 치거나 해서 가루의 표면을 평평하게 한다. 여기에서 정확히 수평으로 하게 되면 뜨거운 물을 부을 때 치우칠 가능성이 적다.

NG 너무 강하게 치면 뜨거운 물이 통하는 길이 나빠지기 때문에 주의한다.

5. 뜨거운 물을 붓고, 뜸을 들인다.

커피 가루의 중앙에서 나선형을 그리며 뜨거운 물을 붓고, 가루 전체를 적신다. 아래에서부터 뜨거운 물이 떨어지기 시작하면 붓는 것을 그만두고, 20~30초 뜸을 들인다.

NG 커피가 내려지지 않고 맛이 연해지는 원인이므로 페이퍼에 가까운 가루의 가장자리나 페이퍼 자체에는 뜨거운 물을 붓지 않도록 조심한다.

6. 첫 번째 뜨거운 물

뜨거운 물의 양은 가루의 부푼 정도가 5번째 순서의 뜸들일 때의 1.3배의 크기가 될 정도까지 나선형을 그리며 조금씩 천천히 뜨거운 물을 붓는다.

POINT

첫 번째 뜨거운 물의 추출은 커피의 진액이 잘 나오는 중요한 작업이므로 조금씩 천천히 붓는다.

7. 두 번째 뜨거운 물

처음 부은 뜨거운 물이 서버에 떨어지고 반 정도 남았을 때, 두 번째 뜨거운 물을 추가로 붓는다. 첫 번째 뜨거운 물 보다 조금 빠르게 붓는 것이 좋다.

POINT

첫 번째 뜨거운 물로 향미가 만들어지고, 두 번째의 뜨거운 물로 깊은 맛이 나게 된다.

8. 필요한 양만큼 반복한다.

세 번째 뜨거운 물부터는 필요한 정도에 따라, 나선형을 그리며 뜨거운 물을 붓기를 반복한다.
1, 2번째 뜨거운 물보다도 굵직하고 빠르게 붓는 편이 좋다.

POINT

1, 2번째로 추출된 커피의 농후한 진액을 3번째 뜨거운 물 이후부터는 알맞게 연해지는 이미지이다.

9. 드리퍼를 서버에서 내린다.

필요한 잔 수만큼 추출되면 바로 드리퍼를 서버에서 내린다.

POINT

알싸한 맛이나 잡미가 나지 않도록, 뜨거운 물이 다 떨어지기 전에 드리퍼를 서버에서 내린다.

신감각의 초보자를 위한 드리퍼

칼리타
(웨이브 시리즈)

웨이브 드리퍼 155

● 1~2잔용 ● 스테인리스제 ● 투과식 ● 추출 구멍의 수/3 ● 커피 가루/1잔당 10g

스테인리스제

열전도율이 높은 스테인리스제. 전용 웨이프 필터와의 조합에 의하여, 치우쳐진 곳에 뜨거운 물이 고이지 않는 구조이다..

평평한 타입

평평한 타입이기 때문에, 치우치게 뜨거운 물을 부어도 균등하게 가루에 스며든다. 추출 구멍은 일반적인 칼리타와 같이 3개이다.

파형이 새롭다! 안정감 있는 드리퍼

칼리타 중에서도 비교적 새로운 웨이브 시리즈이다. 다루기 쉬운 스테인리스제 드리퍼는 밑바닥을 평평하게 설계하여 아래쪽에는 삼각형의 모양에 3개의 구멍이 뚫려 있다. 보통의 칼리타식 드리퍼와 동일하게 빠른 추출을 실현할 수 있다. 전용 페이퍼 필터도 밑바닥이 평평하며, 측면에는 골의 역할을 하는 20개의 주름이 있다. 커피를 내리면 주름 안에 가루가 쌓여 벽을 만들어 주기에 균등한 추출이 가능하다. 또한, 가루 전체에 자연스럽게 뜨거운 물이 침투되기 때문에 커피 내리는 기술과 관계없이 초보자도 안정된 맛을 낼 수 있다.

1. 드리퍼를 올린다.

크기가 거의 일치한 서버의 위에 드리퍼를 올린다.

POINT

미리 드리퍼와 서버를 뜨거운 물로 데워두면 더욱 좋다.

2. 페이퍼를 세팅한다.

서버에 세팅한 드리퍼 내부에 페이퍼 필터를 넣는다.

3. 커피 가루를 넣는다.

한 잔당 10g 정도로, 잔 수에 맞게 커피 가루를 페이퍼 필터 안에 넣는다.

4. 커피 가루를 고르게 한다.

드리퍼를 가볍게 흔들거나, 치거나 해서 가루의 표면을 평평하게 한다. 여기에서 정확하게 수평으로 해두면, 뜨거운 물을 부을 때 치우치기 어렵다.

NG 너무 강하게 치면 뜨거운 물이 지나는 길이 나빠지기 때문에 주의한다.

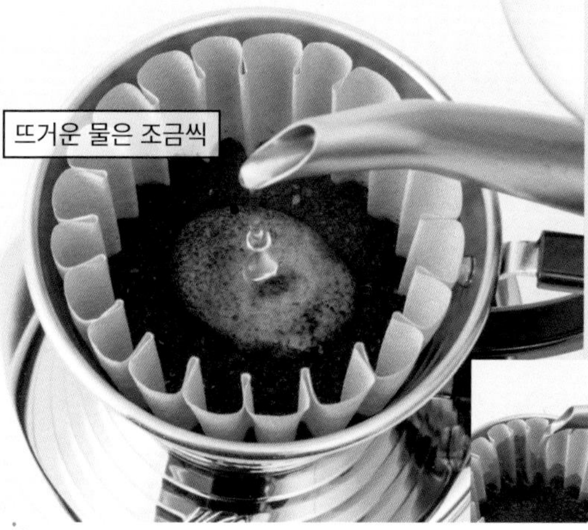

5. 뜨거운 물을 붓고, 뜸 들인다.

커피 가루의 중앙부터 시계방향으로 나선형으로 그리며 뜨거운 물을 붓고, 가루 전체를 적신다. 아래쪽에서부터 뜨거운 물이 떨어지면 붓는 것을 멈추고, 20~30초 뜸 들인다.

NG 커피가 내려지지 않고 맛이 연해지는 원인이므로 페이퍼에 가까운 가루의 가장자리나 페이퍼 자체에는 뜨거운 물을 붓지 않도록 조심한다.

6. 첫 번째 뜨거운 물

뜨거운 물의 양은 가루의 부푼 정도가 5번째 순서의 뜸들일 때의 1.3배의 크기가 될 정도까지 나선형으로 그리며 조금씩 천천히 뜨거운 물을 붓는다.

POINT

첫 번째 뜨거운 물의 추출은 커피의 진액이 잘 나오는 중요한 작업이므로 조금씩 천천히 붓는다.

7. 두 번째 뜨거운 물

처음 부은 뜨거운 물이 서버에 떨어지고 반 정도 남았을 때, 두 번째 뜨거운 물을 추가로 붓는다. 첫 번째 뜨거운 물 보다 조금 빠르게 붓는 것이 좋다.

POINT

첫 번째 뜨거운 물로 향미가 만들어지고, 두 번째의 뜨거운 물로 깊은 맛이 나는 이미지이다.

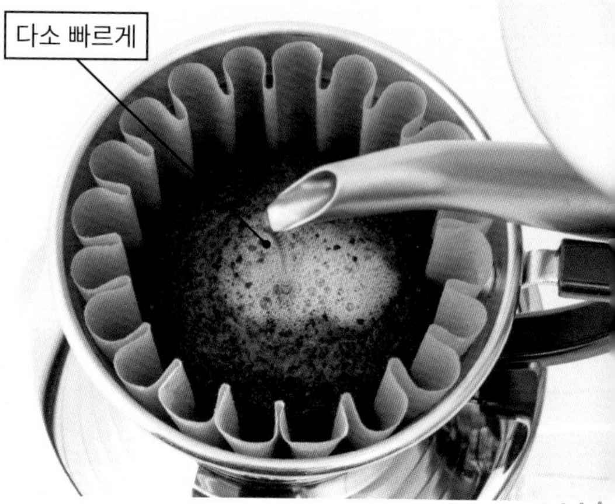

8. 필요한 양만큼 반복한다.

세 번째 뜨거운 물부터는 필요한 정도에 따라, 나선형을 그리며 뜨거운 물을 붓기를 반복한다. 1, 2번째 뜨거운 물보다도 굵직하고 빠르게 붓는 편이 좋다.

POINT

1, 2번째로 추출된 커피의 농후한 진액을 3번째 뜨거운 물 이후부터는 알맞게 연해지는 이미지이다.

9. 드리퍼를 서버에서 내린다.

필요한 잔 수만큼 추출되면 바로 드리퍼를 서버에서 내린다.

POINT

커피를 내린 후에는 가장자리에 가루가 모여, 중앙이 움푹 파인다. 이것이 바로 고르게 커피가 내려졌다는 증거이다.

4. 커피 가루를 고르게 한다.

드리퍼를 가볍게 흔들거나, 치거나 해서 가루의 표면을 평평하게 한다. 여기에서 정확하게 수평으로 해두면 뜨거운 물을 부을 때 치우치기 어렵다.

NG 너무 강하게 치면 뜨거운 물이 지나가는 길이 나빠지기 때문에 주의한다.

5. 뜨거운 물을 붓고 뜸을 들인다.

커피 가루의 중앙부터 뜨거운 물을 붓는다. 그리고 원을 그리듯 범위를 넓혀가며, 뜨거운 물을 가루 전체로 넓힌다. 아래에서부터 뜨거운 물이 떨어지면 붓는 것을 멈추고, 20~30초 뜸 들인다.

NG 커피가 내려지지 않고 맛이 연해지는 원인이므로 페이퍼에 가까운 가루의 가장자리나 페이퍼 자체에는 뜨거운 물을 붓지 않도록 조심한다.

6. 첫 번째 뜨거운 물

뜨거운 물의 양은 가루의 부푼 정도가 5번째 순서의 뜸 들일 때의 1.3배의 크기가 될 정도까지 중심에서부터 선을 그리듯 뜨거운 물을 붓는다.

POINT

물을 가늘게 천천히 부으면 바디가 풍부한 맛으로, 반대로는 굵게 빨리 부으면 가벼운 맛으로 조절할 수 있다.

7. 두 번째 뜨거운 물

처음 부은 뜨거운 물이 서버에 떨어지고 반 정도 남았을 때, 두 번째 뜨거운 물을 추가로 붓는다. 첫 번째 뜨거운 물보다 조금 빠르게 붓는 것이 좋다.

POINT

첫 번째 뜨거운 물로 향미가 만들어지고, 두 번째의 뜨거운 물로 깊은 맛이 나는 이미지이다.

8. 필요한 양까지 반복한다.

3번째 뜨거운 물부터는 필요량에 맞추어 따르기를 반복한다. 첫 번째와 두 번째 뜨거운 물보다도 굵직하고 빠르게 부어도 좋다.

POINT

1, 2번째로 추출된 커피의 농후한 진액을 3번째 뜨거운 물 이후부터는 알맞게 연해지는 이미지이다.

9. 드리퍼를 서버에서 내린다.

필요한 잔 수만큼 추출이 되면 바로 드리퍼를 서버에서 내린다.

POINT

알싸한 맛이나 잡미가 나지 않도록 뜨거운 물이 다 떨어기지 전에 드리퍼를 서버에서 내린다.

4. 커피 가루를 고르게 한다.

드리퍼를 가볍게 흔들거나, 치거나 해서 가루의 표면을 평평하게 한다.

NG 너무 세게 치면 미세한 입자가 아래로 떨어져, 커피를 내릴 때 막힘의 원인이 되므로 주의한다.

5. 뜨거운 물을 붓는다.

커피 가루의 중앙에 링거와 같이 뜨거운 물을 뚝뚝 떨어뜨리며 붓는다. 30초 정도 떨어뜨리면 서버에 액이 떨어지기 시작한다.

POINT

특히 중앙이 가루의 층이 두껍기 때문에 그곳을 집중적으로 뜨거운 물을 부으면 커피의 맛 성분을 확실히 추출할 수 있다.

6. 뜨거운 물을 붓는 범위를 넓힌다.

추출액이 서버의 밑을 가릴 정도까지 쌓이면 범위를 500원 동전 크기까지 넓혀 다소 두껍게 뜨거운 물을 붓는다.

POINT

가루가 뜨거운 물을 흡수하여 이산화탄소가 배출되면 중앙이 부풀고 거품 돔이 생긴다. 이 돔이 유지되도록 계속해서 뜨거운 물을 붓는다.

7. 추출량이 3분의 2 정도가 될 때까지 계속해서 붓는다.

거품 돔을 유지하도록 뜨거운 물의 양을 조금씩 늘려가며 계속해서 붓는다.

POINT

하얀 거품=알싸한 맛이나 잡미. 서버에 떨어지지 않도록 항시 골보다 위에 거품이 생기는 상태가 되도록한다.

8. 드리퍼 전체에 뜨거운 물을 붓는다.

커피가 3분의 2 정도 추출되면, 뜨거운 물을 한번에 늘리고 드리퍼에 가득 차게 붓는다.

POINT

3분의 1이 추출되는 시점에서 맛있는 성분은 거의 추출된 상태이다. 알싸한 맛이나 잡미가 떨어지지 않도록 뜨거운 물을 늘려 계속해서 띄운다.

9. 드리퍼를 서버에서 내린다

필요한 잔 수만큼 추출되면 바로 드리퍼를 서버에서 내린다.

NG 알싸한 맛이나 잡미가 나지 않도록 드리퍼는 물이 가득찬 상태로 서버에서 내린다.

1. 넬의 물기를 닦아낸다.

마른 수건으로 넬을 감싸고 넬에서 물방울이 떨어지지 않을 정도로 확실히 물기를 닦아낸다.

NG 물기를 확실히 닦아내지 않으면 추출한 커피가 싱겁게 된다.

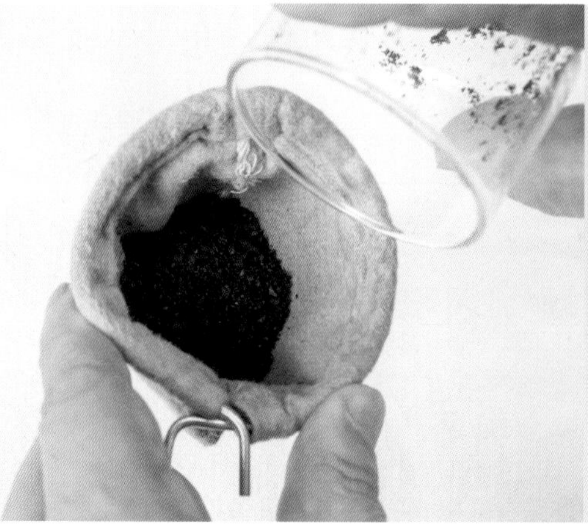

2. 커피 가루를 넣는다.

드리퍼에 1잔당 12~15g의 원두를 굵은 분쇄하여 넣는다.

3. 커피가루를 고르게 한다.

주걱으로 가루를 저어서 균일하게 한다.

4. 뜨거운 물을 붓고 뜸을 들인다.

가루의 중심 쪽으로 뜨거운 물을 붓고, 서서히 범위를 넓혀가며 가루 전체를 적신다. 아래쪽에서부터 뜨거운 물이 떨어지면 붓는 것을 멈추고 15~25초 가량 뜸을 들인다.

5. 나선형을 그리듯 뜨거운 물을 붓는다.

나선형을 그리듯 조금씩 천천히 일정한 속도를 지키며 뜨거운 물을 붓는다. 드립 포트가 아닌 넬을 움직이면 골고루 붓기 쉽다.

POINT

필터에 직접 뜨거운 물을 붓지 않도록 가루의 가장자리를 공략하지 않도록 할 것이다.

6. 추출량에 달하면 넬을 떼어낸다.

추출량에 달하면 넬을 떼어내고 그릇 등에 집어 넣는다. 사용 후에는 드리퍼에 남은 가루를 버리고 물을 채운 보존 용기에 넣는다. (P111)

Column

맛 좋은 커피를 만든다

스페셜 차트

페이퍼 드립에서 커피를 낼 때 참고하고 싶은 특제 차트이다.
각 요소를 조절하는 것으로 목표로 하는 맛에 가까워질 수 있다.

추출 속도	뜨거운 물의 온도	커피 가루의 양	분쇄도
보통	보통(90도 전후)	보통(10g)	중간 약간 가는 분쇄
빠르게	저온(85도 전후)	보통(10g)	약간 가는 분쇄
천천히	고온(95도 전후)	넉넉하게	약간 가는 분쇄
보통	저온(85도 전후)	보통(10g)	약간 가는 분쇄
빠르게	고온(95도 전후)	넉넉하게	약간 가는 분쇄

분쇄도

커피 가루의
입자 크기. 표준이
중간~약간 가는 분쇄.

볶음도

사용하는 콩에
적합한 로스팅 기준.

콩의 종류

드립에 사용하는
콩의 상품이나 종류

추출 속도

드립할 때 뜨거운
물을 붓는 법.

뜨거운 물의 온도

드립할 때의 뜨거운
물의 온도. '보통'이
90도 전후이다.

가루의 양

가루의 양의 기준. 드리퍼에 따라
다르기 때문에 사용하는 드리퍼의
표준을 '보통'으로 한다.

볶음도	커피콩의 종류	커피의 맛
중볶음	브라질	스탠다드 한 맛으로 모든 사람이 마시기 쉽다.
약볶음	에티오피아	가벼운 신맛이 느껴진다.
강볶음	만델링	강한 쓴맛이 느껴진다.
중볶음	콜롬비아	마일드하지만 진한 맛이 느껴진다.
강볶음	과테말라	농후한 맛이지만 뒷맛이 산뜻하다.

다양한 커피 추출 방법

핸드 드립 이외에도 커피를 내리는 데는 여러 가지 방법이 있습니다. 그 외에 일반적으로 잘 알려진 커피 내리는 법을 소개하겠습니다. 라이프 스타일이나 목표로 하는 바에 따라 사용법과 커피의 세계가 보다 넓어질 것입니다.

다채로운 추출 방법으로 커피의 세계가 넓어진다.

지금까지는 드리퍼를 사용하여 추출하는 핸드 드립식의 커피 내리는 법을 소개했지만, 그 외에도 추출 방법은 여러 가지가 있다. 추출 방법에 따라 커피 맛의 특징이나 사용법에 차이가 있고, 사용하면 '기분이 좋아진다.'라는 등 디자인에 의한 매력도 있다. 라이프스타일이나 목표로 하는 맛에 의하여 기구를 나눠 사용하는 것도 좋다.

초보자라도 손쉽게 다룰 수 있는 것이 프렌치 프레스나 콜드브루이다. 프렌치 프레스는 가루나 뜨거운 물의 양만 틀리지 않는다면 실패할 요소가 없다고 불릴 정도로 간단하게 커피를 내릴 수 있고, 콜르블루도 양이나 시간을 지키면 큰 실패 없이 커피를 즐길 수 있다.

다소 상급자용이 사이펀이나 마키네타이다. 모두 추출의 구조가 통상의 핸드 드립과는 크게 다르기 때문에 기구의 특성을 알고 다루는 것에 익숙해질 필요가 있다. 그렇다고는 하지만 시간과 정성이 들어가기 때문에 한층 더 커피를 즐길 수 있고, 특히 애호가에게는 끊을 수 없을지도 모른다.

최근에는 간편하면서도 전문적인 커피를 즐길 수 있는 가정용 커피 메이커도 잘 나오고 있다. 커피 이외의 변화를 준 음료를 만들 수 있는 것도 있어 집에서도 카페에 있는 듯한 기분을 낼 수 있다.

여러 가지 커피 내리는 법

모카포트(마키네타)

→ P128

이탈리아에서는 가정용 추출 기구로 친숙하다. 직화에 구워서 사용하고 에스프레소에 가까운 맛을 낸다. 다루는 것에 다소 요령이 필요하고 중~상급자용의 기구로 불린다.

프렌치 프레스

→ P124

금속 필터를 사용하기 때문에 콩의 유분이 잘 추출되며 콩 그 맛 자체를 즐길 수 있는 것이 매력적이다. 초보자여도 다루기 쉬우며 근래 일본에서도 인기가 높아지고 있다.

사이펀

→ P118

프라스코나 알코올 램프 등 모양이 아름다운 것도 인기이다. 프라스코 안의 뜨거운 물을 끓여서 고온 그리고 단시간에 추출하기 때문에 향이 좋은 커피를 낼 수 있다.

급 냉각식

→ P138

아이스 커피를 내리는 방법 중 하나이다. 서버에 얼음을 넣고 통상 페이퍼 드립으로 내리는 방법과 얼음을 넣은 잔에 추출한 커피를 붓는 방법이 있다.

콜드브루

→ P135

가루를 물에 잠기게 하고 시간을 들여 추출하는 방식이다. 온화하고 부드러운 맛을 느끼며 커피의 진한 맛도 느낄 수 있다. 전용 포트나 기구를 사용하면 누구라도 손쉽게 커피를 즐길 수 있다.

커피 메이커

→ P132

가정에서 손쉽게 전문적인 커피를 즐길 수 있는 전동 머신이다. 페이퍼 드립과 동일하게 추출하는 드립식과 캡슐타입의 포트를 세팅해서 추출하는 캡슐방식이 있다.

고온 · 단시간의 추출로 향을 낼 수 있다

사이펀

고노식 커피 사이펀 2인용

- 침지식
- 커피 가루/1잔당 12g

로트
추출된 액체가 일단 로트 내부로 올라가고 마지막에 프라스코 안으로 이동한다.

프라스코
프라스코의 뜨거운 물을 끓여서 커피를 추출한다.

그 외에 필요한 것

알코올 램프
프라스코의 안에 뜨거운 물을 가열한다. 사이펀용 램프를 준비한다.

페이퍼 여과지
여과지를 세팅해서 사용한다.

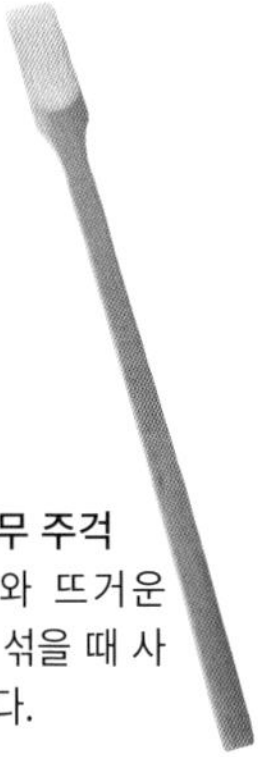

대나무 주걱
가루와 뜨거운 물을 섞을 때 사용한다.

아름다운 디자인과 화학실험과도 같은 추출

사이펀은 의료용품에서 영감을 얻어 발명되었다. 프라스코나 알코올 램프 등 화학실험을 연상시키는 기구는 디자인도 아름다우며 보기 좋다. 프라스코 안의 뜨거운 물이 끓이면 수증기가 발생하고 프라스코 안에서 팽창한다. 끓는 물이 상부의 로트로 이동하고 커피 가루와 섞인다. 가열을 멈추면 프라스코 안의 수증기가 식어 수축되고 추출액은 한 번에 프라스코 내부로 이동한다. 커피가 끌려 들어올 정도로 한 번에 떨어지는 것은 압권이다! 고온 그리고 단기간에 추출하기 때문에 향이 좋은 커피를 낼 수 있는 것이 매력적이다.

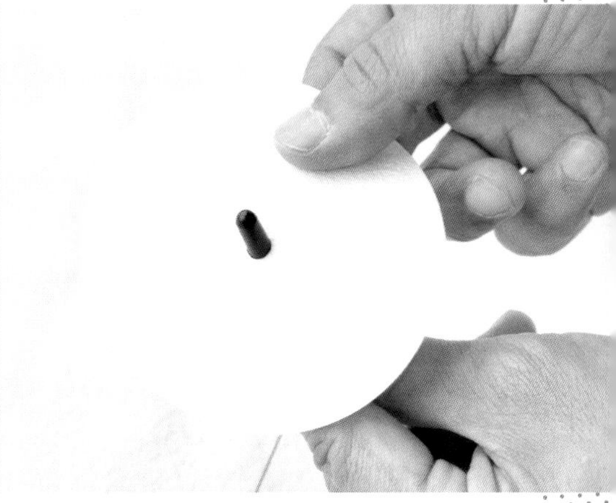

1. 여과지를 세팅한다.

페이퍼 여과기에 사이펀용의 여과지를 넣는다.

POINT

여과지를 넣기 전의 상태

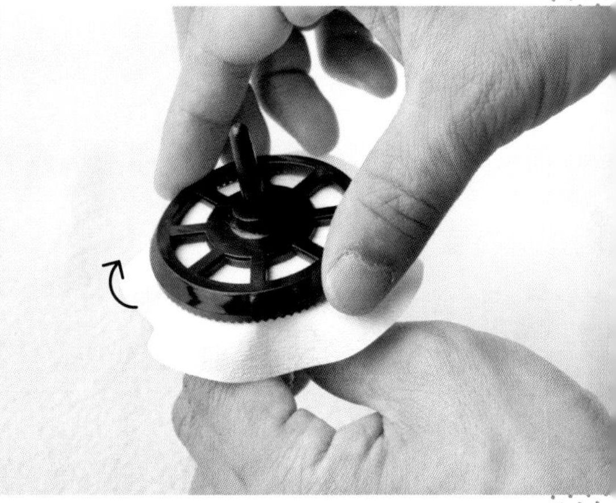

2. 기구를 돌려서 고정한다.

여과지를 끼워 넣듯 기구를 돌려서 고정한다.

NG 기구가 끓인 물에 닿기 때문에 강하게 고정하면 떼어내기 어려워진다. 가볍게 고정하는 정도로 충분하다.

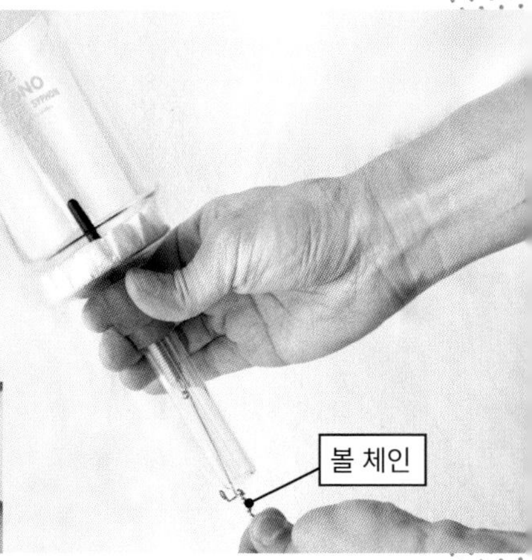

3. 로토의 아래에 필터를 넣는다.

로트에 2번의 여과기를 넣고 아래까지 눌러 넣는다. 볼 체인은 로트의 관을 통해 내서 훅을 침착하게 건다.

POINT

볼 체인으로 말미암아 갑자기 끓는 것(범핑)을 피할 수 있다. 범핑이 일어나면 뜨거운 물이 뿜어 나와 위험하다.

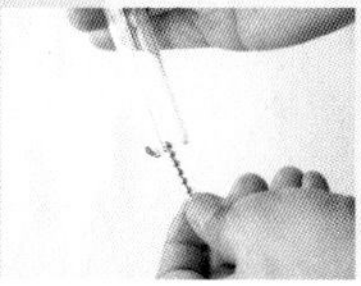

4. 커피 가루를 넣는다.

로트에 커피 가루를 넣는다.

5. 커피 가루를 고르게 한다.

로트를 가볍게 흔들어 커피 가루를 평평하게 한다.

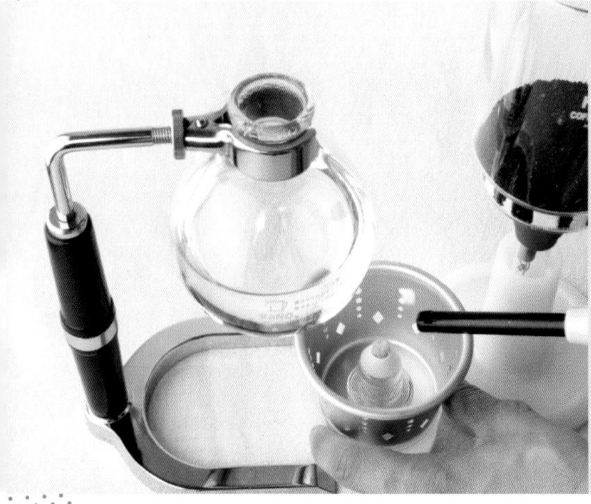

6. 프라스코에 끓인 물을 넣고 가열한다.

프라스코에 끓인 물을 넣는다.
알코올 램프에 불을 붙여 프라스코 아래에 놓고 가열한다.

POINT

상온의 물 대신 끓인 물을 넣으면 추출 시간을 단축할 수 있다. 또한, 불을 붙이기 전에 프라스코 전체를 닦아 둔다. 젖어 있으면 물방울이 불꽃에 닿아 글라스가 깨질 수도 있다.

7. 기포가 나오기 시작하면 로트를 끼워 넣는다.

볼 체인에서 조금씩 기포가 나오기 시작하면 로트를 제대로 끼워 넣어 세팅한다.

8. 뜨거운 물이 올라오는 것을 기다린다.

로트 안에 뜨거운 물이 올라오는 것을 기다린다.

추출 구조 ①

프라스코 안의 수증기가 팽창하는 것으로 프라스코 안에 들어가 있던 뜨거운 물이 밀려 올라온다.

9. 커피 가루를 가라 앉힌다.

뜨거운 물의 높이가 일정해지면 대나무 주걱을 사용해서 가볍게 털어내어 상부에 떠오른 가루를 뜨거운 물의 중간까지 가라앉힌다. 전체적으로 골고루 행한다.

POINT

물이 없는 상태가 되지 않도록 프라스코에는 뜨거운 물이 조금 남도록 구조가 되어 있다.

콩의 맛을 제대로 끌어낼 수 있다.

프렌치 프레스

보덤 카페티에라
(0.35ℓ)

● 침지식 ● 커피 가루/0.35ℓ 정도로 약 17.5g

프렌치 프레스는 모양도 맵시가 있고 멋스러운 것이 많다.

플런저

플런저의 끝에 금속 필터가 붙어 있다. 원두는 이 필터를 통하지 않을 정도의 중간~굵은 분쇄한다.

포트
프렌치 프레스의 본체

간단한 커피 내리는 법으로 초보자라도 다루기 쉽다.

프랑스에서 개발되어 유럽에서 보급된 프렌치 프레스. 가루를 뜨거운 물에 담가 추출한다는 간단한 방법으로 누가 커피를 내려도 맛에 변동이 적고 초보자라도 손쉽게 다룰 수 있는 것이 매력적이다.

금속 필터를 사용하기 때문에 페이퍼 필터 등과 달리 커피의 유지분(커피 오일)을 제대로 추출할 수 있다. 원두의 성분이 직접 추출되므로 스페셜티 커피 원두로 커피를 우려내는 것이 최고의 포인트이다. 커피 오일에는 향의 성분도 많이 포함되어 있기 때문에 향이 풍부하고 온화한 맛을 완성한다.

1. 플런저를 떼어낸다.

포트의 핸들을 눌러 플런저를 똑바로 들어 올려서 포트에서 떼어낸다.

2. 커피 가루를 넣는다.

중간 굵기로 분쇄한 커피 가루 약 17.5g을 포트에 넣는다.

POINT

분쇄 정도가 세밀하면 추출액이 걸쭉해지므로 반드시 적정하게 분쇄한 커피 가루를 사용한다.

3. 커피 가루를 고르게 한다.

포트를 손으로 가볍게 흔들어 커피 가루를 평평하게 한다.

4. 타이머를 세팅한다.

타이머를 4분으로 세팅한다.

5. 3분의 1까지 뜨거운 물을 붓는다.

타이머 스타트 버튼을 누르고 가루 전체에 뜨거운 물이 골고루 미치도록 뜨거운 물을 붓는다.

POINT

한 손으로 포트를 잡고 기울이거나 돌리거나 해서 움직이면 구석구석 전체에 뜨거운 물이 미친다.

6. 뜸을 들인다.

타이머가 30초 경과할 때까지 가루 전체에 뜨거운 물을 골고루 미치도록 뜸을 들인다.

7. 남은 뜨거운 물을 붓는다.

30초가 경과하면 가루의 층이 부서지지 않도록 측면을 따라서 남은 뜨거운 물을 붓는다. 뜨거운 물의 양은 뜸을 들이는 단계에서 부은 물을 합쳐서 약 280㎖이다.

POINT

뜨거운 물을 바로 위에서 부으면 가루가 흩날려서 안정된 추출이 안 되므로 측면을 따라 붓는 편이 좋다.

8. 플런저를 끼워 넣는다.

뜨거운 물을 다 부으면 포트에 플런저를 똑바로 세팅한다.

9. 플런저를 눌러 내린다.

타이머가 4분이 되면 플런저를 천천히 눌러 내린다.

NG 강하게 눌러 내리면, 가루가 추출액의 중간으로 튀어나올 수 있으므로 주의한다.

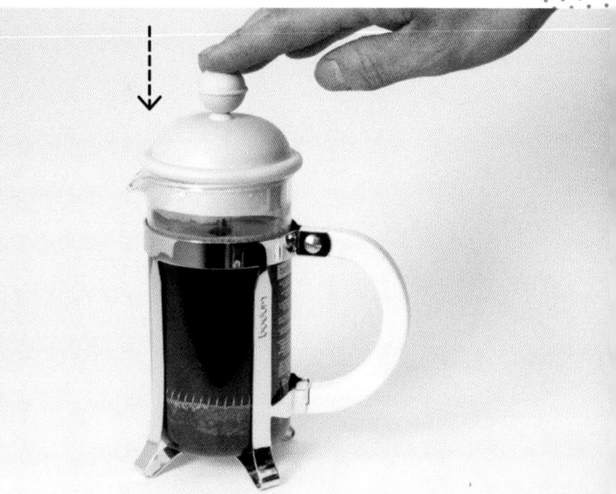

에스프레소풍의 맛의 실현

모카포트

비알레티 브리카
2컵용

● 침지식 ● 커피 가루/2잔당 18g

특수 압력이 있는 개폐 장치

모카포트는 여러 가지 종류가 있지만, 비알레티는 특수 압력이 있는 개폐 장치(사진에서 동그라미 친 부분)를 사용하므로 보다 농후하고 감칠맛이 도는 커피를 내릴 수 있다.

금속 필터

가는 굵기로 분쇄한 커피 가루를 사용하므로 금속 필터가 막히기 쉽다. 그러므로 사용후에는 반드시 세척해야 한다. 세제를 사용해서 세척하고, 향이 달라붙는 것을 막기 위해 물로 깨끗이 헹군다.

이탈리아에서는 메이저 직화식으로 추출

모카포트는 에스프레소의 본고장인 이탈리아에서 가정용 커피 추출 용기로 널리 사용하고 있다. 직화로 하부의 프라스코 안의 뜨거운 물을 끓게 함으로써 증기압이 발생한다. 그로 인해 뜨거운 물이 밀려 올라와 가루를 통과한 후 상부의 포트에 이동하며 커피가 추출된다. 불을 끄는 타이밍을 소리로 판별하는 등 요령이 필요하기 때문에 초보자에게는 약간 어려운 추출법이다.

1. 부품을 분리한다.

상부의 서버와 가루를 넣는 통 그리고 하부의 프라스코로 나눈다.

2. 뜨거운 물을 붓는다.

하부의 프라스코 내부의 선까지 뜨거운 물을 붓는다. 2컵 정도로 약 80cc

POINT

추출에 시간이 걸리면 가루의 품질이 나빠지기 때문에 상온의 물보다는 뜨거운 물을 넣어 가열 시간을 단축한다. 추출 시간이 짧아지면 짧아질수록 신선하고 맛있는 커피를 내릴 수 있다.

3. 커피 가루를 넣는 통을 세팅한다.

통을 프라스코 안에 넣는다.

드립식

[특징]

- 핸드 드립과 같은 깊은 맛을 낸다.
- 커피콩(가루)과 물의 양으로 취향에 맞게 맛을 조정할 수 있다.
- 한 번에 두 잔 이상의 커피를 낼 수 있다.

간단한 조작으로 본격적인 맛을 내기

커피 메이커

멜리타 커피 메이커

노아 SKT54

고온 추출로 콩의 개성을 끌어내 향과 깊은 맛이 뛰어난 커피가 된다. 손질하기 쉬우며 절전 모드 기능에 의한 전력 절약 등 일상에서 사용하는 데에 중점을 둔 인기 모델이다. / 멜리타 재팬

식기 어려운 스테인리스제 진공 이중 구조이다. 입구가 크기 때문에 설거지하기 쉽다.

멜리타식의 한 개의 구멍 드리퍼로 맛과 향이 좋은 커피를 추출할 수 있다.

커피 맛을 이끌어내는 드립 공정을 전자동으로

필터를 통해서 추출하는 드립식이다. 물과 커피 가루를 세팅하는 것만으로 '뜨거운 물의 온도', '물을 붓는 스피드', '추출 시간'을 자동으로 조절하고 핸드 드립한 듯한 깊은 맛의 드립 커피가 내려진다. 물과 커피 가루의 양을 조절해서 농도를 바꾸는 등 취향을 즐길 수 있는 것이 매력이다. 커피 가루로 커피를 내리는 이외에 압착기로 원두를 가는 것부터 가능한 것도 있다.

캡슐식

[특징]

- 한 잔의 커피를 단시간에 내릴 수 있다.
- 캡슐에는 방금 갈은 가루가 밀폐되어있다. 추출 순간까지 신선한 상태를 지킬수 있기에 맛도 향도 좋다.
- 손질하는 거나 정리하는 것이 쉽다.

[UCC 드립 포트
DP2]

커피 가루를 넣는 전용 필터가 부착되어 있으므로 커피 가루만 넣으면 커피를 내릴 수 있다. 3회로 나눠서 뜨거운 물을 붓는 형식으로 핸드 드립의 맛을 재현한다. / UCC 우에시마 커피

캡슐 안은 상부에 공간이 있어 확실히 뜸을 들일 수 있는 구조이다.

방금 분쇄한 커피의 향미를 언제든지 맛볼 수 있다.

물과 전용 캡슐을 세팅해서 커피를 내리는 캡슐식이다. 캡슐에는 방금 분쇄한 커피 가루를 1잔 분량씩 진공 포장되어 있기 때문에 언제나 신선한 맛과 향을 즐길 수 있다. 커피 가루의 계량이나 원두를 분쇄하지 않고, 추출 후에는 캡슐만 버리면 된다. 가루가 흩날리지 않고, 손질이 편한 것도 인기 있는 이유 중 하나이다. 각 회사들마다 캡슐의 다양성이 있다. 기계에 따라 말차라테, 홍차 등 카페의 여러 가지 메뉴를 내릴 수 있는 것도 있다. 마시고 싶은 것, 향미에 맞추어서 기계를 선택하면 된다.

1. 커피 가루를 넣는다.

여과기에 중간 굵기의 지정된 양의 커피 가루를 넣는다. 이 기구라면 다섯 잔 분으로 50g이 적당하다.

POINT

커피 가루는 중간 분쇄가 적절하다. 굵으면 성분이 추출되기 어렵고, 세밀하면 가루처럼 완성될 수도 있다.

2. 물을 붓는다.

커피 가루 전체를 적실 수 있도록 조금씩 물을 붓는다. 물의 양은, 이 커피 메이커는 5잔 분량으로 약 650ml이다.

POINT

커피 가루와 물이 잘 섞이도록 물을 부은 후에 스푼 등으로 가볍게 휘저으면 좋다.

3. 8시간 정도 둔다.

뚜껑을 닫아서 냉장고에 넣고 8시간 정도 둔다.

POINT

취향에 맞추어 두는 시간을 조절한다. 약간 가벼운 맛이 좋으면 조금 짧게, 약간 쓴맛이 좋으면 조금 길게 둔다.

4. 여과기를 분리한다.

시간이 지나 포트에서 여과기를 들어내면 완성된다.

NG 커피 가루를 넣은 채로 장시간 두면 알싸한 맛이나 잡미의 원인이 된다.

Column

옛날 방식으로 아이스 커피를 만드는 법, '점적 추출법'

물에 우린 커피(더치 커피)는 예전부터 일본의 찻집 등에서도 사랑을 받아 왔다. 원래는 거대한 모래시계와도 같은 형태를 한 점적식 상온 추출 전용 기구를 사용해서 커피를 내렸다. 50대 이상의 분들이라면 많은 분이 찻집에서 더치 커피를 보거나 마시거나 했던 적이 있을 것이다. 이는 옛날 일본의 찻집에서는 빼놓을 수 없는 광경이었을지도 모른다. 그리고 요즘 커피 붐의 영향인지 가정에서 사용 가능한 점적식 상온 추출 기구도 등장하고 있다. 미국식 '브루어'는 멋스러운 디자인으로도 인기를 모은 점적식 슬로우 드립 전용 추출 기구이다. 물을 한 방울 한 방울 커피 가루에 투과시키며 밤새 추출시킨다. 산뜻한 맛의 커피가 완성된다.

가정에서 손쉽게 슬로우 드립식의 커피를 즐길 수 있는 '브루어'이다. 손질하기 쉽고 인테리어에 어울리는 심플한 디자인도 매력적이다. / 리코코치

급 냉각식으로 만드는 법

커피를 얼음에 떨어뜨리면서 드립하여 추출액을 급속하게 차갑게 하는 방식이 '급 냉각식'이다. 물에 우린 커피와 비교해서 단시간에 커피를 내릴 수 있기에 바로 아이스 커피가 먹고 싶을 때에도 편리한 방법이다.

급 냉각식의 경우 커피를 차갑게 하기 위해 얼음을 사용하는데, 가능한 한 서버 전체에 얼음을 넣는다. 한 번에 차갑게 하지 않으면 맛이 연해지기 쉽지만 서버 전체에 얼음이 들어가 있으면 그대로 얼음을 직격해서 드립할 수 있기 때문에 추출액을 급격히 차갑게 할 수 있다.

조심해야 할 것은 추출량의 확인이다. 얼음이 점점 녹아 한 번에 용량이 늘어나므로 서버에서 눈을 떼지 않도록 한다. 이 방법이 어려운 사람은 서버가 아닌 평소대로 드립하고 추출액을 붓는 잔에 얼음을 가득 넣어도 된다.

보통 뜨거운 커피와 같이 드립하고 서버째로 얼음물을 넣은 볼에 담그는 방법도 있다.

급 냉각식으로 맛있게 커피 내리는 방법

1. 필요량에 달하면 바로 커피 추출을 그만둔다.

그대로 두면 얼음이 계속해서 녹아버리므로 원하는 양에 도달하면 바로 다른 용기에 옮겨 담는다.

2. 커피 원두의 양은 뜨거운 커피 때보다 20%를 늘린다.

얼음이 녹으면 맛이 연해지므로 뜨거운 커피로 드립할 때보다도 원두의 양을 적어도 20%는 늘리고 약간 진하게 추출한다.

1. 서버에 가득 얼음을 넣는다.

서버 전체에 얼음을 넣는다. 그 위에 대응하는 드리퍼를 올리고 페이퍼 필터를 세팅한 후 커피 가루를 넣어서 평평하게 한다.

POINT

얼음이 녹으면 맛이 연해지므로 커피 원두의 양은 뜨거운 커피 때보다도 20% 늘려둔다.

2. 뜨거운 커피와 동일하게 드립한다.

뜨거운 커피와 동일하게 드립한다. 따뜻한 추출액이 얼음을 통과하면서 얼음이 점점 녹으므로 서버 내부를 계속해서 지켜본다.

POINT

얼음이 녹는 만큼 평상시의 배 정도 추출하면 가장 적당한 배합이 된다. 예를 들어 1잔 커피를 내린다고 하면 2잔 분량의 눈금에 달할 때까지 추출한다.

3. 추출량에 달하면 바로 다른 용기에 옮긴다.

추출량에 달하면 드리퍼를 떼어내고 바로 다른 용기에 옮긴다. 방치해 두면 얼음이 녹아서 연해지므로 주의한다.

POINT

서버에 얼음을 넣지 않은 채로 평상시처럼 드립한 후, 얼음을 넣은 잔에 부어 급냉하는 방법도 있다.

에스프레소 머신으로 맛있는 커피를 내리는 법

본격적인 맛을 손쉽게

드롱기(Delonghi)

EC152J 에스프레소
카푸치노 메이커

본격적인 에스프레소를 가정에서 손쉽게 즐길 수 있다.

에스프레소를 즐길 때에 떼어낼 수 없는 것이 에스프레소 머신이다. 가정용 머신의 가격은 10만 원에서 수백만 원으로 폭이 넓으며 금액에 따라 파워나 기능은 다르지만 물과 가루를 넣어 압력을 가해서 추출한다는 기본적인 원리는 동일하다. 경미한 굵기의 차이나 가루의 양, 그리고 추출을 멈추는 타이밍으로 맛이 변할 정도로 섬세하기 때문에 몇 번이나 사용해서 머신의 특성을 파악하는 것이 좋다. 에스프레소가 내려지면 카페라떼, 카페모카 등 에스프레소를 베이스로 한 변화를 준 음료도 즐길 수 있게 된다.

※상세한 순서나 명칭은 머신에 따라 다를 경우가 있습니다.

1. 머신에 물을 넣는다.

에스프레소 머신의 용기를 열고 물을 넣는다.

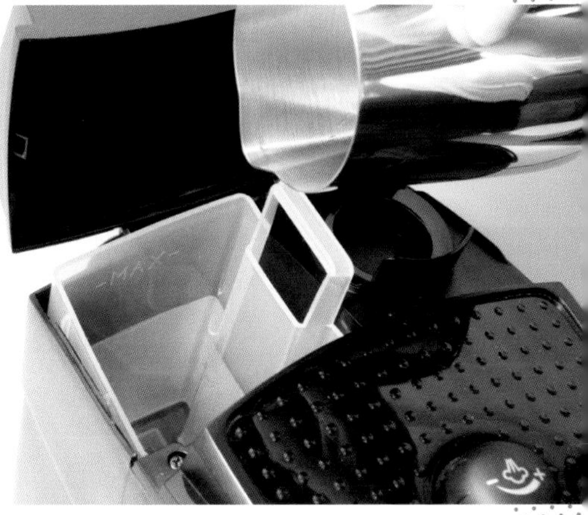

2. 머신의 전원을 킨다.

에스프레소 머신의 전원을 킨다.

3. 커피 가루를 넣는다.

홀더를 떼어내고 커피 가루를 넣는다.(1잔 당 13g 정도로 필터 사이즈에 따라 다르다.).

4. 가루를 고르게 한다.

홀더에 넣은 커피 가루를 가볍게 손으로 평평하게 한다.

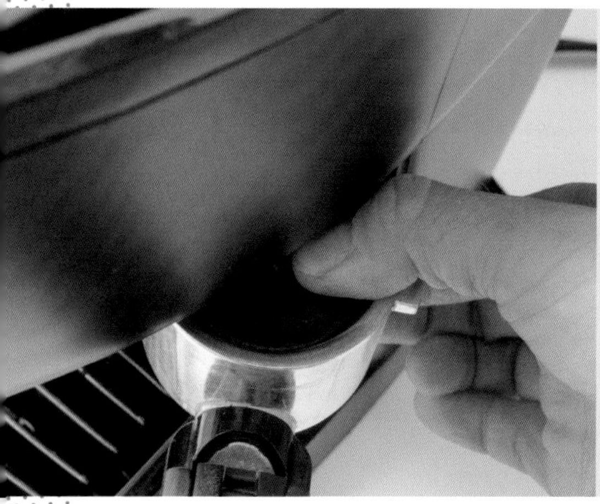

5. 탬핑한다.

부속 프레서(탬퍼)를 확실히 맞춰 단단히 눌러 굳힌다(탬핑한다). 프레서를 분해할 수 있는 타입의 머신도 있다.

POINT

프레서가 기울지 않도록 평행으로 맞춰 눌러 표면을 평평하게 한다.

6. 폴더를 머신에 세팅한다.

추출 버튼을 눌러 2~3초 뜨거운 물을 빼낸 후 탬핑한 홀더를 머신의 뜨거운 물을 공급하는 입구에 세팅한다.

POINT

추출 전 뜨거운 물을 빼는 것은 뜨거운 물을 공급하는 입구 부근에 고여 있는 뜨거운 물을 버림과 동시에 용구를 따뜻하게 한다는 의미가 있다.

7. 컵을 놓는다.

커피를 내려 받는 곳에 컵을 놓는다.

8. 추출

추출 버튼을 눌러 추출한다. 추출액은 진한 색에서 서서히 연해진다.

NG 똑똑 끊어지거나 한쪽에서만 추출액이 나오지 않는 경우에는 잘 추출할 수 없으므로 다시 해야 한다. 가루의 굵기나 양을 확인하고 재도전하자.

9. 완성

추출액의 점성이 점점 없어지면 다시 버튼을 눌러 추출을 멈춘다.

POINT

점성이 있는 동안 8과 같이 순조롭게 추출되지만, 점성이 없어지면 추출액이 조금씩 흔들리기 시작한다. 그렇게 될 때가 멈출 타이밍이다.

물·설탕·우유와 커피의 관계

커피의 99%를 차지하는 물. 그리고 커피에 넣어 즐기는 설탕과 우유. 이들은 그 성질의 차이에 따라 커피의 맛에 영향을 끼칩니다. 어떤 것을 사용하면 좋을지 알아봅시다.

잘 활용하면 커피를 마시는 즐거움이 넓어진다.

커피콩이나 커피를 내리는 법 이외에 커피의 맛에 영향을 주는 것으로 물, 설탕, 우유 이 세 가지가 있다.

물은 뭐니 뭐니 해도 커피의 성분 중 실제로 99%를 차지하는 중요한 요소이다.

크게 '연수', '경수'로 나뉘지만, 핸드 드립과 같이 커피 본래의 맛을 남김 없이 즐기고 싶다면 연수를 추천한다. 반대로 에스프레소나 진하게 볶은 맛을 강조하고 싶을 때는 경수가 좋다.

그리고 커피를 마실 때에 첨가하는 설탕과 우유는 맛을 순하고 블랙커피와는 또 다른 맛을 제공해준다. 커피콩 본래의 맛을 살리기 위해서는 그래뉴당 등 정제도가 높은 설탕을 선택하는 편이 좋다. 우유는 동물성 지방분이 높으면 높을수록 진한 맛이 더해진다.

가능하면 처음에는 블랙커피로 마셔 커피콩이 가신 맛을 즐기는 편을 추천하지만, 설탕이나 우유를 더하는 것으로 커피콩의 개성과 절묘한 하모니를 만들어 보는 것도 좋다.

물과 커피

경수

물 1L에 대해 마그네슘과 칼슘의 함유량이 120mg 이상의 물이다. 외국의 미네랄 워터의 대부분이 경수에 해당하고 독특한 맛이 난다. 경수로 내린 커피는 쓴맛이 강하게 추출되는 예도 있기 때문에 에스프레소에 적합하다.

연수

물 1L에 대해 마그네슘과 칼슘의 함유량이 100mg 이하인 물이다. 우리가 마시는 수돗물은 대부분 연수이다. 맛의 특성이 없으며 목 넘김이 좋다. 커피의 맛을 방해하지 않기에 드립할 때는 연수를 사용하는 것을 추천한다.

드립에 적합한 것은 미네랄 성분이 적은 연수이다.

물은 함유하는 미네랄 양에 의해 연수와 경수로 나뉜다. 일반적으로 드립 커피에는 미네랄 성분이 적은 연수가 적절하다고 하며, 연수로 커피를 내리면 입에 닿는 느낌이 좋으며 순하게 내려진다. 우리나라의 물은 대부분 연수이기 대문에 커피를 즐기는데 최고의 환경이라고 말할 수 있다.

한편으로 경수는 미네랄 성분이 많으며, 커피의 성분과 반응해서 쓴맛이 강하게 난다. 그러므로 에스프레소 등 쓴맛을 강조하고 싶은 경우에는 굳이 경수를 사용하는 것도 하나의 기술이다. 또한, pH값도 맛에 영향을 준다고 하며 알칼리성 물에는 커피의 신맛를 누그러뜨리는 작용이 있다.

사용하는 물에 따라 커피의 맛의 인상도 바뀐다. 각지의 좋은 물로 커피를 내려 비교해서 마셔 보는 것도 재밌을 것이다.

Column

수돗물도 괜찮은가

우리나라 물은 연수이므로 수돗물을 사용해서 커피를 내려도 전혀 문제 없다. 수돗물 특유의 석회 냄새가 신경이 쓰일 경우에는 끓이거나 정수기를 사용하면 된다. 덧붙여 말하자면 조심할 점은 뜨거운 물을 새로 데우는 것이다. 물이 '식었기 때문에' 다시 데워도 이미 물 안의 탄소가 빠졌기 때문에 맛있는 커피는 내릴 수 없다. 식은 물은 버리고 다시 수돗물을 받아 끓여야 한다.

설탕과 커피

그래뉴당

입자가 세밀하기 때문에 녹기 쉽다. 맛의 특성이 없어 커피의 향미에도 손상을 입히지 않는다.

백설탕

우리 생활에서 가장 자주 사용하는 설탕이다. 그래뉴당과 비교하면 단 맛이 강하고 특성이 있다.

굵은 설탕

높은 순도로 큰 입자의 결정을 하고 있기에 천천히 녹는다. 시간에 따라 단 맛의 변화를 즐길 수 있다.

삼온당

정제 공정의 가열에 따라 색이 입혀진다. 캐러멜 향미가 있다.

설탕에도 여러 가지 종류가 있지만 '커피의 맛에 손상하지 않는' 의미로는 정제도가 높은 것을 추천한다. 그중에서는 그래뉴당이나 백설탕이 해당된다. 그에 대해서 정제도가 낮은 흑설탕은 특유의 향미가 있기 때문에 커피 본래의 맛을 즐기는 것보다도 변화를 준 커피를 즐기는 듯한 느낌이 든다.

흑설탕

사탕수수 즙을 바짝 조려서 만들어진다. 미네랄이나 비타민이 풍부하며 독특한 향미가 있다.

우유와 커피

포션 크림

동물성 지방이 아닌 식물성 지방이 사용된다. '커피 크리머'라고도 불린다.

생 크림 (동물성 크림)

유지방 성분이 우유보다도 높아서 더욱 진한 맛이 난다. 유지방 성분이 높으면 높을수록 맛도 농후해진다.

우유

저온 살균한 우유는 진한 맛이 난다. 커피의 맛을 가능한 한 바꾸고 싶지 않을 경우에는 성분을 조정하지 않은 우유가 조다.

분말 크림

분말 상태로 보존하기 쉬우며, 들어 나르는데도 편리하다. 동물성 지방과 식물성 지방이 있다.

커피에 첨가한 우유는 크게 동물성 지방과 식물성 지방으로 나뉜다. 동물성 지방이 진한 맛이 있으며 농후한 맛이 나고, 식물성 지방의 경우에는 순한 맛이 난다.

시중에 판매하는 우유는 대부분이 홀스타인종이지만 해외에서 자주 볼 수 있는 저지종은 유지방률이 높고 농후하며 진한 맛의 강함은 차원이 다르다. 국내에서도 때때로 볼 수 있으므로 꼭 비교해서 마셔보자.

두유

대두에서 나오는 약간 독특한 향미가 있다. 건강을 지향하는 사람에게 인기이다.

Column

독특하게 커피 내리는 법

이 장에서는 여러 가지 추출 기구를 사용한 커피 내리는 법을 소개했지만, 커피는 어디까지나 기호식품이다. 따라서 반드시 '이렇게 커피를 내리지 않으면 안 된다'는 것은 없다. 여기에는 정식으로 커피를 내리는 법과는 조금은 다르게 커피 내리는 법을 소개한다. 말하자면 자신이 맛있다고 생각한다면 어떤 방법이든 좋다. 그러한 만족할 줄 모르는 호기심이 커피의 새로운 역사를 만들어낼지도 모른다.

간단한 드립

바쁘지만 제대로 된 커피가 마시고 싶다!

이것은 침지식 드립이라고 말할 수 있는 참신한 커피 내리는 법이다. 평소에는 드리퍼에 커피 가루를 넣고 뜨거운 물을 부어 추출하지만, 미리 커피 가루와 뜨거운 물을 섞어서 드리퍼에 흘려 추출하는 식이다. 집안일에서 짬이 날 때나 바쁜 아침 등, 편하게 커피 내릴 여유는 없지만 제대로 된 커피가 마시고 싶을 때 제격이다.

컵에 커피 가루와 뜨거운 물을 넣고 잘 섞는다.

잘 섞은 다음, 컵 안을 드리퍼에 흘려 부어, 그대로 담아두고 추출한다. 추출 속도가 늦는 타입의 드리퍼를 사용하면 좋다.

진하게 추출한 커피에 뜨거운 물을 섞기

뜸을 들이는데 3분! 진하게 추출한 후 연하게 하기

진한 커피를 소량 추출한 후 뜨거운 물로 연하게 해서 마시는 스타일이다. 진하고 깊은 맛의 커피를 추출하기 위해서 평소 20~30초 정도 뜸 들이는 시간을 이 경우에는 3분 정도 뜸 들인다. 뜨거운 물로 추출액을 섞은 후에는 스푼 등으로 섞어서 얼룩을 제거한다.

평소 드립할 때와 동일하게 드리퍼에 커피 가루를 세팅한다. 뜨거운 물을 붓고 3분 정도 뜸을 들인다. 그 후 커피를 평소보다 약간 적게 추출하고 뜨거운 물로 연하게 한다.

발리풍 커피

커피 가루와 설탕을 뜨거운 물에 담근다.

커피의 재배가 번성한 인도네시아에는 섬마다 여러 가지 커피를 내리는 방법이 있다. 그중에서도 유명한 것은 여기에서 소개하는 '발리 커피'이다. 매우 잘게 간 분말 상태의 커피를 뜨거운 물에 담가 추출하고 가루가 가라앉은 후, 위의 맑은 부분만 마신다. 단맛을 좋아하는 사람은 커피 가루를 넣을 때 설탕도 함께 첨가해도 좋다.

컵에 매우 잘게 간 커피 가루를 작은 스푼 한 스푼 넣는다. (함께 설탕을 넣어도 좋다.)

1잔분의 뜨거운 물을 붓고 스푼으로 섞어 1분 정도 기다린 후, 위의 맑은 부분을 후루룩 마신다.

남자는 묵묵히 블랙커피를
MENU
카페모카
카페 마키아토
에스프레소 토닉
……마시는 시대도 아니다.
오늘은 카페모카
오늘은 비엔나 커피
HONEY
조금 첨가해 볼까
커피의 세계는 무한대로 넓어진다.

PART
3

어레인지 커피를 즐기자

맛있는 커피를 내릴 수 있게 되면, 다음은 어레인지 커피 레시피에 도전할 차례입니다. 친숙한 카페 메뉴 혹은 라떼아트도 집에서 즐길 수 있습니다.

다양한 어레인지 커피를 즐기자

카페나 찻집에서 친숙한 커피 음료. 커피나 에스프레소에 약간의 솜씨를 들이면 카페에서 마실 수 있는 맛을 즐길 수 있습니다.

기본에서 변형까지 주옥 같은 어레인지 커피

이 장에서는 커피나 에스프레소에 여러 변화를 준 음료의 레시피를 소개한다. 가장 기본적인 것은 커피 또는 에스프레소에 우유를 첨가해서 만든다. 커피를 베이스로 한 것이 카페오레, 에스프레소를 베이스로 한 것이 카페라떼, 카푸치노, 카페마키아토에 해당하고 각자의 밸런스에 차이가 있다. 이외에 버터나 과일을 넣는 등 일반 커피에 약간의 기교를 들여 만든 변형도 있다.

같은 레시피라도 사용하는 커피콩의 종류나 로스팅 정도에 따라 맛도 변하므로 여러 시도를 해봐도 좋을 것이다.

최근에는 커피와 탄산수를 섞는 등 시대와 함께 새로운 트렌드도 나오고 있다. 커피의 가능성은 아직 무한대로 존재한다.

카페오레와 카페라떼 무엇이 다를까?

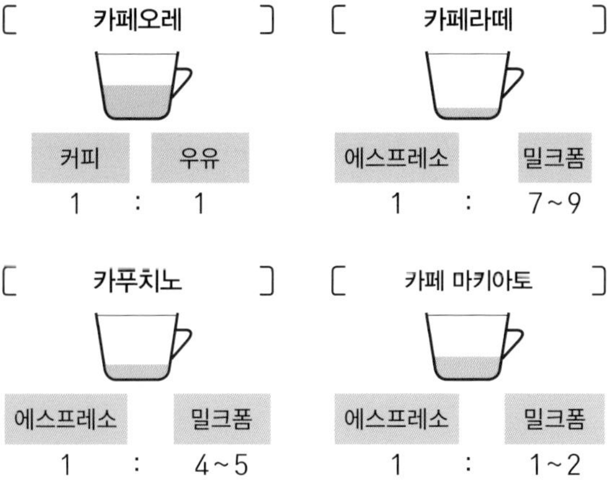

커피나 에스프레소에 우유를 넣은 변화를 준 음료에는 주로 카페오레, 카페라떼, 카푸치노, 카페마키아토 4종류가 있다. 카페오레는 드립 커피에 따뜻한 우유, 그 외에는 에스프레소에 밀크폼(P168)을 부어 만들지만 각자 조금씩 비율에 차이가 있다.

※ 커피의 크기에 따라 다소 비율이 다를 경우가 있다.

드립 커피를 베이스로 한 것

카페오레

부드러운 맛이 매력적인 기본적인 음료. 커피와 음료는 1:1의 배합으로

RECIPE

추천 원두 ▶쓴맛이 있는 원두(강볶음)

【재료】(1인분)

드립 커피(중간 분쇄)
우유 ···· 각100～150mℓ

【만드는 법】

1. 냄비에 우유를 넣고 끓지 않을 정도로 데운다.
2. 원두를 중간 분쇄하여 커피를 추출한다.
3. 카페오레 볼에 1의 우유와 2의 커피를 동일한 양으로 붓는다.

에스프레소를 베이스로 한 것

카페라떼

에스프레소에 우유를 많이 넣은 커피. 우유 같은 부드러운 맛에 단숨에 넘어간다.

a 티스푼의 뒷부분으로 우유를 빙글빙글 문지르면 대리석 무늬가 만들어 진다.

RECIPE

추천 원두 ▶화려한 향이 있는 원두(중볶음)

【재료】(1인분)

에스프레소	30㎖
우유	200～300㎖

【만드는 법】

1. 먼저 에스프레소를 만든다.
2. 밀크폼을 만든다.
3. 2를 1의 컵에 붓는다. 완성이 되면 스푼의 뒷부분으로 우유를 문지른다.(a)

에스프레소 베이스

카푸치노

부드럽고 결이 미세한 거품이 맛을 결정짓는 비장의 카드. 크림 같은 목 넘김을 즐기자.

RECIPE

추천 원두 ▶ 과일 향의 신맛이 있는 원두(중볶음)

【재료】(1인분)

에스프레소 ································· 30㎖
우유 ······························ 120～150㎖

【만드는 법】

1. 먼저 에스프레소를 만든다.
2. 밀크폼을 만든다.
3. 2를 1의 컵에 붓는다. 이때 밀크폼의 두께가 1cm 이상이 되도록 만든다.

드립 커피 베이스

비엔나 커피

휘핑 크림을 듬뿍 올린 빈(Vienna) 스타일의 커피

a 하얀 거품처럼 보이지만 들어올리면 찰기가 있어 무겁다.

RECIPE

추천 원두 ▶ 쓴맛이 있는 원두(강볶음)

【재료】(1인분)

커피(중간 분쇄)……180㎖
굵은 설탕……작은 숟가락 1～2
A ┌ 생크림……50㎖
　└ 그래뉴당……5g
코코아파우더……적정량

【만드는 법】

1. 볼에 A를 넣어서 거품기로 잘 섞은 후 7분립의 휘핑크림을 만든다.(a)
2. 원두를 중간 분쇄하여 커피를 추출한 후 컵에 붓는다.
3. 2에 1의 휘핑크림을 띄우고 완성된 커피에 코코아 파우더를 뿌린다.

에스프레소 베이스

카페모카

달디단 초콜릿 소스를 한 번 맛보면 멈출 수 없어! 매혹적인 스위트계 음료

a 지그재그로 뿌린 초콜릿 소스를 이쑤시개로 수직으로 덧그리면 훌륭한 문양으로 변신한다.

RECIPE

추천 원두 ▶ 쓴맛이 있는 원두(강볶음)

【재료】(1인분)

에스프레소 ········ 30mℓ
초콜릿 소스 ········ 10mℓ
우유 ········ 100mℓ
초콜릿용(토핑용) ········ 5mℓ

【만드는 법】

1. 먼저 에스프레소를 만든다.
2. 1의 컵에 초콜릿 소스를 넣고 스푼 등으로 섞는다.
3. 밀크폼을 만든다.
4. 3을 2의 컵에 붓는다. 완성된 커피에 초콜릿 소스를 뿌리고 이쑤시개로 덧그린다.(a)

카페 마키아토

유럽에서 매우 인기 있는 마키아토. 작은 커피잔으로 만드는 것이 본고장의 스타일

RECIPE

추천 원두 ▶ 감귤계의 신맛이 있는 원두(강볶음)

【재료】(1인분)

에스프레소, 우유 …………… 각 30mℓ

【만드는 법】

1. 먼저 에스프레소를 만든다.
2. 밀크폼을 만든다.(P168)
3. 2를 1의 컵에 붓는다.

드립 커피 베이스

핫 버터드 커피(Hot Buttered Coffee)

버터와 어우러져 바디와 시나몬 향미가 더해진다.

RECIPE

추천 원두 ▶ 감귤계의 신맛이 있는 원두(중볶음)

【재료】(1인분)

드립 커피(중간 분쇄)·············· 180mℓ
그래뉴당(또는 사탕수수)
······················ 작은 숟가락 2~2.5
버터(무당) ······················ 한 조각
시나몬 스틱 ························ 한 개

【만드는 법】

1. 원두를 중간 분쇄하여 커피를 추출해서 컵에 붓는다.
2. 1에 그래뉴당을 넣고 스푼 등으로 섞는다.
3. 2에 버터를 띄운다. 시나몬 스틱으로 저으며 마신다.

라떼 아트에 도전해 보자

라떼에 떠있는 하트 모양이나 잎, 사랑스러운 동물 얼굴. 카페에서 바리스타가 컵을 보고 누구든 함성을 지를 것입니다. 다소 기술력이 필요하지만 연습을 한다면 집에서도 즐길 수 있습니다.

기술을 익혀서 즐기는 컵 표면에 그리는 아트

카페라떼나 카푸치노의 표면에 그려진 아트. 밀크폼이라고 불리는 결이 미세한 거품을 컵에 부어서 모양을 그리는 것이 '라떼아트', 피크나 스푼의 등을 사용해서 모양을 그리는 것이 '디자인 카푸치노'라고 일반적으로 구별한다.

모두 에스프레소 크레마=갈색, 밀크폼=흰색의 대조를 이용하기 때문에 예쁜 크레마가 있는 에스프레소를 끓이는 것으로 결이 미세하고 거품이 균일한 밀크폼을 만드는 것이 중요하다.

카페 바리스타는 뛰어난 솜씨로 그림을 그리기에, 언뜻 보면 간단하게 보이지만 사실은 기본적인 하트 모양이나 잎을 그리는 것만으로도 꽤 연습이 필요하다. 그만큼 가족이나 친구들 앞에서 솜씨를 보이면 놀랄 것이 틀림없다.

디자인 카푸치노

크레마나 밀크폼을 사용해서 피크의 끝 부분으로 그림이나 문자를 그린 것. 라떼아트와 비교해서 변화를 주는 폭이 넓다.

라떼아트

피처로 우유를 부으며 하트 모양이나 잎 등을 그리는 수법. 빠르고 신속하게 마무리하는 것이 중요하다.

사용하는 도구

라떼아트를 할 때 빼놓을 수 없는 도구를 소개한다.

컵

아트의 그림에 따라 적당한 크기가 다르므로 소(150mℓ, 안지름 7.5㎝), 대(300mℓ, 안지름 9.5㎝) 2종류가 있으면 편리하다. 실제로 비교해 보고 하기 쉬운 것을 선택하면 된다.

우유 피처

밀크폼을 만들 때 사용한다. 손잡이가 붙어 있는 것이 다루기 쉽다. 1잔을 만든다면 12온스(360mℓ), 2잔을 만든다면 20온스(600mℓ)의 사이즈를 선택하는 것이 좋다.

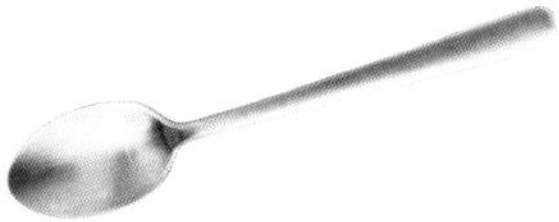

스푼

컵 표면에 우유 거품을 올릴 때 사용한다. 전용 스푼이 아닌 일반 스푼이어도 괜찮다. 변화를 준 음료를 만들 때에도 있으면 편리하다.

피크

디자인 카푸치노를 만들 때 그림이나 문자를 그리는 데 사용한다. 없다면 이쑤시개로 이용해도 좋다.

아름다운 라떼아트에는 결이 세밀한 우유가 필요

라떼아트용의 밀크폼은 일반적으로 에스프레소 머신 부속 스티머로 만든다. 밀크폼에서 중요한 것은 뭐니 뭐니 해도 매끄러워야 한다. 우유의 표면에 광택이 나올 정도로 결이 세밀하고 거품이 균일한 상태가 이상적이다. 이 상태를 만드는 데는 스티머 내부의 우유의 온도 관리와 거품을 내는 것과 잘 휘젓는 것이 중요하다. 마지막으로 우유의 온도는 60~65도가 최적이다. 거품 내는 작업이 끝난 후, 피처를 크게 돌리면 표면의 우유와 액체가 어울려 광택이 생긴다.

밀크폼을 만드는 법

반짝반짝, 반들반들하면 좋은 밀크폼이라는 증거

밀크폼을 만들 때는 성분 무조정 우유를 사용한다. 잘 만들기만 하면 표면이 반들반들하고 광택이 있는 밀크폼이 완성된다. 에스프레소의 크레마에 의해 액체의 표면에 우유가 뜨기 때문에 에스프레소 추출 후에는 크레마가 사라지지 않을 때 손 빠르게 작업을 해야 한다.

1. 노즐을 공회전한다.

스팀 노즐을 공회전한다.

POINT

스팀은 수증기의 힘을 이용하기 때문에 노즐이 식어 버리면 수증기가 수분이 되어 우유에 들어가 버린다. 공회전으로 쓸데없는 수분을 빼는 것으로 좋은 상태의 밀크폼을 만들 수 있다.

2. 노즐을 꼽고 우유를 거품 낸다.

우유 280㎖(150㎖ 컵 2잔분)을 넣은 피처에 노즐의 끝부분을 1㎝ 정도 꼽는다. 스위치를 누르고 바로 피처를 내려서 우유와 노즐의 끝부분 사이에 1~2㎜ 정도의 틈을 만들어 거품을 만든다. 피처를 계속 내려서 우유의 액체 표면과 노즐 끝부분에 1~2㎜ 정도의 틈을 확보하는 것으로 우유의 거품이 늘어난다.

3. 우유를 휘저어 섞는다.

맨 처음과 비교하여 1.3배 정도 늘어나면 노즐의 끝부분을 우유의 거품 표면에 5㎜ 정도 꼽고 증기의 열을 이용해서 우유를 휘저어 섞는다. 피처가 손바닥으로 1초 만질 수 있을까 말까한 온도(60~65도)가 되면 스위치를 멈추고 피처를 떼어낸다.

POINT

너무 가열시키면 우유의 단맛이 손상되므로 주의한다.

4. 한 번 더 노즐을 공회전시킨다.

스팀 노즐을 처음과 동일하게 공회전시킨다.

POINT

스팀을 종료하고 스위치를 끄면 밸브가 닫히는 힘에 의해서 우유가 빨려 올라가 버린다. 그대로 두면 머신 안에 우유가 들어가 버리기 때문에 사용 후에는 공회전해서 우유를 빼어낸다.

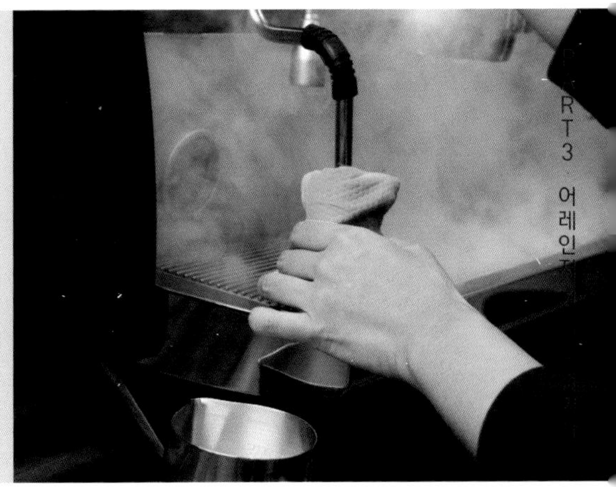

5. 피처를 크게 돌린다.

피처를 크게 돌리고 우유 거품과 액체를 섞는다. 우유 중앙이 움푹 패일 정도로 크고 확실히 돌리는 것으로 우유 거품과 액체가 일체화된다. 우유 표면에 광택이 나오면 좋다.

POINT

아트를 하기 직전까지 피처를 계속해서 돌린다.

라떼아트 2

나뭇잎

한 장의 잎사귀를 우유로 표현하는
섬세한 기술을 요하는 상급 기술

◀◀◀ HOW TO DRAW ▶▶▶

1. 피처를 높게 들어 올리고 밀크폼을 컵 중앙 부근에 붓는다. 액체가 컵의 반 정도의 양까지 생기면 컵을 기울이고 피처를 가깝게 한다.

2. 우유가 둥글게 떠오르기 시작하면 피처를 가볍게 좌우로 흔들고 우유를 더욱 퍼뜨린다. 갈색 캔버스 위에 우유를 띄운다는 느낌으로 한다.

3. 피처의 흔드는 폭을 작게 하며 바로 앞에서부터 안쪽까지 나아간다. 피처는 가능한 한 좌우대칭으로 흔든다.

4. 컵의 가장자리까지 피처를 나아가며 붓는다.

5. 컵의 가장자리까지 왔다면, 안쪽에서 앞을 향해 중심을 자르듯 붓는다.

라떼아트 4

하트＆나뭇잎

한 잔의 컵에 두 개의 아트
하트와 나뭇잎이 붙어 있다.

◀◀◀ HOW TO DRAW ▶▶▶

1. 피처를 높게 들어 올리고 우측에 밀크폼을 붓는다. 액체가 컵 반 정도의 양까지 가까워지면 피처를 컵에 가깝게 한다.

2. 우유가 둥글게 떠오르기 시작하면 피처를 가볍게 좌우로 흔들고 우유를 더욱 퍼뜨린다.

3. 피처를 작은 폭으로 흔들며 컵의 끝까지 나아가 바로 앞에서 되돌아가 중심을 자르듯 붓는다. 잎이 완성된다.

4. 잎의 옆 공간에 밀크폼을 붓는다.

5. 우유가 둥글게 떠오르기 시작하면 피처를 가볍게 좌우로 흔들고 우유를 더욱 퍼뜨린다.

6. 하트 모양의 움푹 팬 부분을 만들기 때문에 안쪽부터 바로 앞을 향해 중심을 자르듯 붓는다.

7. 피크의 끝에 갈색 거품을 묻혀 곰의 눈을 그린다.

8. 동일하게 피크의 끝에 갈색 거품을 묻혀 곰의 입과 볼을 그린다.

9. 스푼으로 피처의 중앙에서 흰 거품을 건져, 위에서 대, 중, 소가 되듯 세 개의 원을 그린다.

10. 9에서 그린 원을 피크의 끝으로 덧그려 연결하여 하트 모양을 만든다.

글자를 적고 싶을 때

▶

그림을 그릴 때와 같이 디자인 카푸치노에서 글자를 그리는 것도 가능하다. 갈색 액면 위에 적을 때에는 피크의 끝부분에 하얀 거품을 묻히면 된다. 하얀 거품을 말풍선처럼해서 메시지를 적고 싶을 때는 위의 순서 7과 같이 갈색 거품을 사용한다.

휘황찬란한 커피 칵테일의 세계

근래 인기가 높아지고 있는 것이 커피를 사용한 칵테일입니다. 외국에서는 익숙하지만 국내 카페에도 다루고 있는 곳이 늘어나고 있습니다. 이 장에서는 가정에서 즐길 수 있는 레시피를 소개합니다.

화려한 비주얼로 여성들에게 엄청난 인기!

변화를 준 커피 중에서도 화려한 비주얼에 눈을 빼앗기는 칵테일. 라떼아트와 같이 커피 칵테일도 세계선수권이 개최될 정도로 세계적으로 보면 주요 장르이지만, 국내에서도 근래 그 인기가 높아지고 있다.

커피를 사용한 술이라고 하면 위스키에 커피를 섞은 아일랜드식 커피가 유명하지만 사실 라인업은 다채롭다. 커피는 증류주의 향이나 리큐어의 단맛, 과일의 신맛와도 궁합이 맞고, 섞는 것으로 새로운 마리아주를 즐길 수 있다.

밤에 술로써 즐길 수 있는 커피는 더욱더 편안한 시간을 가져다 줄 것이다.

도쿄 스카이트리 부근의 '언리미티드 커피 바'에서 인기인 커피 칵테일. 과일을 곁들이면 보기에도 멋이 있어서 여성들에게 인기도 높다.

드립 커피 베이스

아이리시 커피

따뜻한 잔에 부어 차가운 밤에 마시고 싶은 대표적인 커피 칵테일

a 2분 정도의 생크림은 뜨면 흐를 정도

RECIPE

추천 원두 ▶ 쓴맛이 있는 원두(중볶음 또는 강볶음)

【재료】(1인분)

- 드립 커피 …… 160㎖
- A 아이리시 위스키 …… 30㎖
- 그래뉴 당 …… 작은 숟가락1/2
- 생크림 …… 60㎖

【만드는 법】

1. 생크림을 볼에 넣고 거품기로 섞어 2분 정도로 한다. (a)
2. 잔에 A를 넣어 잘 섞는다.
3. 잔에 1을 띄운다.

드립 커피 베이스

아이스 커피 진토닉 베리

베리 느낌이 화려한 스위트계 칵테일. 에티오피아 원두를 추천

a 베리는 어느정도 과육을 남기고 으깬다.

RECIPE

추천 원두 ▶ 베리계의 신맛이 있는 콩(중볶음)

【재료】(1인분)

취향에 맞는 베리(딸기, 라즈베리, 블루베리, 크랜베리) ······················ 20g

A
- 아이스 커피 ······················ 120mℓ
- 슬로진 ······························ 30mℓ
- 설탕 시럽 ··························· 10mℓ

라임(빗살 모양으로 자른 것) ······ 1개

토닉워터 ························ 적정량

【만드는 법】

1. 용기에 취향에 맞는 베리를 넣어 으깬다. (a)
2. 잔에 얼음(분량 외)과 A를 넣어 라임을 짜서 그대로 안에 넣고 전체를 가볍게 섞는다.
3. 2에 토닉워터를 넣어 얼음을 들어 올리듯 전체를 가볍게 섞는다.

에스프레소 마티니

카카오와 커피가 잘 어울린다. 제대로 차갑게 해서 마신다.

RECIPE

추천 원두 ▶ 쓴맛이 있는 원두(강볶음)

【재료】(1인분)

에스프레소 ······ 60㎖(더블샷)
보드카 ······ 30㎖
설탕 시럽, 화이트 카카오 리큐어, 칼루아 ······ 각 10㎖

【만드는 법】

1. 셰이커에 모든 재료를 넣는다.
2. 1에 얼음(분량 밖)을 80% 정도 넣고 흔든다.
3. 확실하게 차가워지면 잔에 붓는다.

에스프레소 베이스

에스프레소 럼카우

럼의 단 향이 감도는 칵테일, 오렌지를 으깨면서 마시면 더욱 좋다.

RECIPE

추천 원두 ▶ 감귤계의 신맛이 있는 원두(중볶음)

【재료】(1인분)

A ┌ 에스프레소, 럼 ······ 각 30㎖
  └ 꿀 ······ 15g
우유 ······ 130g
커피콩 ······ 8g
드라이 오렌지 ······ 1장

【만드는 법】

1. 우유에 커피콩을 넣고, 2일간 냉장고에 담가둔 후 커피콩을 제거한다.
2. 컵에 A를 넣어 섞어 따뜻하게 한 1을 부어 전체를 잘 섞는다.
3. 완성된 커피에 오렌지를 띄운다.

BEANS
COFFEE
호기심이 생길 때마다 커피 원두를 구매해서 원두가 많아졌네
이럴 때에는 1인 커핑 테스트
흐음… 이런 식으로 하는구나.
좋은 맛으로.
…
오리지널 블렌드 커피 완성?
이제 잘 모르겠어

PART
4

한 단계 높은 커피를 즐기는 법

이 장에서는 보다 상급자를 위한 커피 즐기는 법을 소개합니다. 홈 블렌드 또는 커핑 등으로 커피의 심오한 맛을 한번 더 음미해 봅시다.

블렌드 커피의 매력

다양한 품종을 조합해서 만들어 낸 블렌드 커피. 카페에서는 친숙하지만 집에서도 도전할 수 있습니다. 스트레이트 커피와는 또 다른 매력과 즐거움을 느낄 수 있는 블렌드 커피에 대해 소개합니다.

블렌드 커피는 소재를 살려 만드는 '요리'와 같은 존재

단일 품종의 스트레이트 커피가 소재 그 자체라고 한다면, 새로운 맛이 생겨나는 블렌드 커피는 말하자면 '요리'와 같은 것이다. 각 종목의 개성을 살려 만드는 사람이 원하는 맛을 자유자재로 표현할 수 잇는 것이 블렌드 커피이다.

블렌드 커피는 찻집이나 커피숍 등의 전문점에 한정되지 않고, 여러 음식점에서 제공된다. 프로의 세계에서는 그 목적이 다양하다. 가게의 이상적인 맛을 표현하고 간판 메뉴로 하는 것 이외에 커피콩을 여러 종류 섞는 것으로 맛의 평균화를 꾀하고 많은 사람이 좋아하는 맛으로 완성한다는 목적도 있다. 한편 비교적 값싼 커피콩을 섞어 원가 조정을 하고 비용을 낮춘다는 목적도 있다.

전문가의 블렌드 기법

● 프리 믹스

생콩의 상태로 블렌딩한 다음 모든 커피콩을 한 번에 로스팅하는 방식. 로스팅이 한 번에 끝나기 때문에 번거롭지 않지만 커피콩마다 적절한 로스팅이 되지 않으므로 이상적인 맛을 내는 것이 어렵다.

● 애프터 믹스

커피콩을 품종별로 로스팅한 다음, 배합하는 방식. 이 빙식은 사용히는 커피콩 종류의 수만큼 로스팅해야 하므로 번거롭고 시간이 걸리지만 커피콩의 개성을 더욱 살릴 수 있다.

블렌드 커피의 즐거움이란

1. 보다 풍부한 맛을 느낄 수 있다.

단일 품종의 스트레이트 커피는 소재의 맛을 직접 느끼고, 커피콩 각각의 개성을 즐기는 것이다. 이에 대해 블렌드 커피는 콩끼리 개성이 섞이거나 대립해서 나오는 풍부한 조화를 즐기는 것이라고 말할 수 있다. 커피숍의 블렌드 커피는 만드는 사람의 성향을 즐기는 것이 가능하고 좋아하는 커피숍을 찾는 지표도 될 것이다. 홈 블렌드 커피라면 자신의 취향에 맞는 맛을 추구할 수 있다.

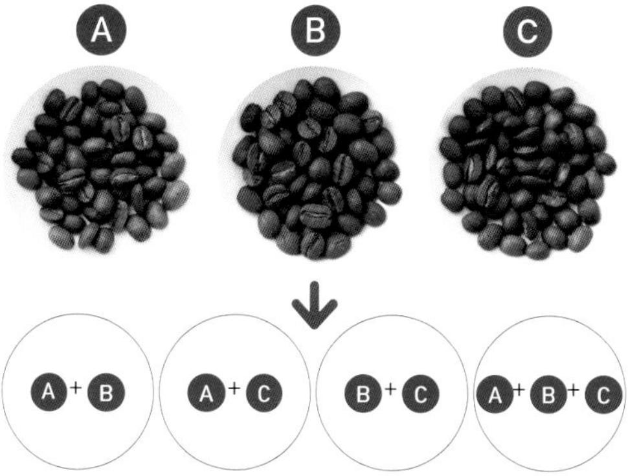

2. 맛의 패턴이 무한으로 넓어진다.

예를 들어 3종류의 콩으로 생각해 보면, 조화는 4패턴, 그 배합 비율을 각자 바꿔가면 서로 다른 블렌드 커피가 무한으로 생겨난다. 거기에서 자신이 표현하고 싶은 맛이 어디에 해당하는지, 목표를 정하는 것이 블렌드 커피의 매력 중 하나이기도 하다.

3. 맛을 만들어 내는 즐거움

블렌드 커피는 요리와 같다. 구매한 콩을 그대로 즐기는 이상의 새로운 맛을 만들어 내는 즐거움이 있다. 익숙한 맛의 스트레이트 커피를 블렌딩 해보면 새로운 매력의 발견으로도 이어질 것이다.

콩의 개성을 판별하는 법

블렌드 커피에서 중요한 것을 사용하는 커피콩의 개성을 파악하는 것이다. 블렌드 커피에 자주 사용되는 스트레이트 커피의 특징을 알아 둡시다.

주역 커피콩의 특징을 어떻게 변화시킬 것인가?

커피콩의 역할을 생각할 때에는 맛의 개성에 주목하자. 예를 들어 주역인 콩에 화려한 신맛이 있는 경우 그것을 더욱 강조해 주는 부족한 깊은 맛이나 감칠맛을 서로 메꿔주며 밸런스를 맞추는 등의 방향성을 생각할 수 있다. 그 결과 서로 조합할 콩이 저절로 정해지는 흐름이다. 그러므로 우선은 스트레이트 커피 각 종목의 특징을 억제할 필요가 있다. 이 장에서는 산지별로 대략의 경향을 소개하지만, 같은 나라에서도 지역이나 농원, 품종, 정제 방법, 로스팅 등 여러 가지 요인으로 크게 변화된다. 어디까지나 참고자료로서 봐주면 좋겠다.

주역이 되기 쉬운 커피콩의 예

개성이 뚜렷하다

주역이 되기 쉬운 커피콩은 특히 맛의 개성이 두드러진 것이다. 그 콩의 독자적인 특징을 전체에서 중심으로 생각하면, 블렌드 커피를 조합하기 쉬워진다. 예를 들어 '에티오피아'나 '케냐' 등은 알기 쉬운 개성을 갖춘 주역급 콩이다. 또한, 잠잠한 맛의 콩도 많이 이용하는 것으로 주역급이 된다.

에티오피아 원두

스파이시하고 화려하다.
휘황찬란한 맛을 가진다.

케냐 원두

약볶음을 하면 프루티한 맛이
두드러진 맛이 된다.

콜롬비아 원두

배합 비율을 높여 블렌딩하면
순한 단맛이나 신맛이 두드러진다.

베이스가 되기 쉬운 커피콩의 예

균형이 잡혀 있다

베이스가 되는 콩에 가장 요구되는 것은 잘 잡힌 균형이다. 주역을 돋보이게 하면서 부족한 부분을 메꿔주는 속 깊음으로 전체 블렌드 커피를 확실히 지탱하는 것을 선택하자.

콜롬비아 원두

쓴맛, 바디, 신맛 등 모든 맛이 순하고 어떤 커피콩과도 조합하기 쉽다.

과테말라 원두

바디와 단맛이 좋으며, 신맛이 강한 커피콩과 잘 어울린다.

브라질 원두

베이스로 사용되는 커피콩의 대표자 격이다. 균형이 잘 잡히며, 주역의 개성을 확실히 돋보이게 한다.

악센트를 주기 쉬운 커피콩의 예

날카로운 매력이 있다

악센트를 주기 쉬운 커피콩은 날카로운 매력이 있는 콩이다. 주역으로도 사용할 수 있으며, 특출난 개성을 갖춘 콩을 소량 첨가하는 것으로 맛에 임팩트를 낼 수 있다. 인도네시아의 '만델링', '에티오피아', '코스타리카' 등이 대표적인 콩이라고 할 수 있다.

코스타리카 원두

감귤계의 맛으로 독특한 단 맛을 갖춘 것도 많다.

에티오피아 원두

와인과 같은 프루티함과 스파이시는 악센트를 해주는 역할로도 사용된다. 현란한 맛이 인상적이다.

만델링

열대의 향과 바디가 개성적이다. 몇 % 넣는 것만으로 맛의 인상이 변한다.

3종 블렌드에 도전

보다 깊이가 있는 맛이 완성되는 3종 블렌드.
배합이 복잡한 만큼 어떤 맛이 나올지 확실히 이미지화 해둡시다.

지향하는 맛 1 프루티한 케냐 원두를 고품질의 인상으로

[총량 20g의 경우]

주역을 2종의 베이스로 세운다.

케냐 원두가 가진 프루티한 신맛에 브라질 원두의 농후함과 코스타리카 원두의 부드러움이 첨가되는 것에 의해 고품질의 인상이 플러스 된다. 케냐 원두만의 스트레이트 커피보다 다층적인 맛이 된다.

주역		베이스		악센트
케냐 원두 (약볶음)	+	브라질 원두 (중볶음)	+	코스타리카 원두 (중볶음)
60%		20%		20%

지향하는 맛 2 주역 콜롬비아 원두에 깊이와 광채를

[총량 20g의 경우]

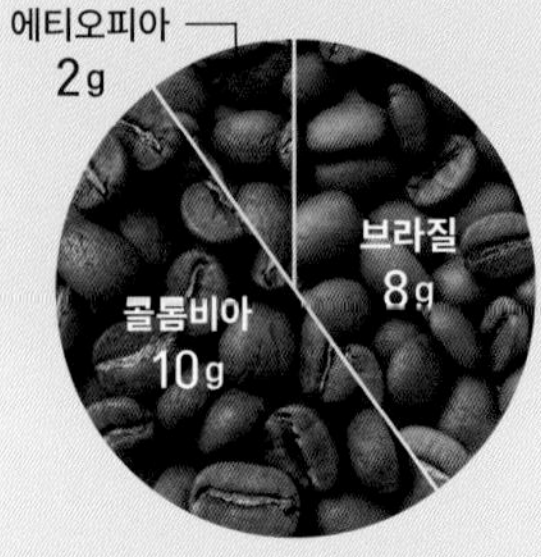

베이스 + 주역 + 악센트

바디나 신맛을 가진 콜롬비아 원두를 주역으로 하고 브라질 원두의 안정감으로 맛에 깊이를 낸다. 거기에 연하게 볶은 에티오피아 원두를 더해 광채를 가미한다. 콜롬비아 원두의 분량을 다소 많이 넣으면 단맛이 두드러진다.

베이스		주역		악센트
브라질 원두 (중볶음)	+	콜롬비아 원두 (중볶음)	+	에티오피아 원두 (약볶음)
40%		50%		10%

4종 블렌드에 도전

블렌드의 기본 방식에 익숙해지면 도전하고 싶은 4종류의 배합.
각 커피콩의 특징을 파악하고 각각의 개성이 확실히 살려진 블렌드를 목표로 합니다.

지향하는 맛 **만델링의 개성을 조미료로 사용**

[총량 20g의 경우]

주역의 강한 특징을 베이스로 억제한다.

밸런스가 잘 잡힌 브라질 원두, 과테말라 원두로 베이스의 토대를 굳히고, 바디와 단맛이 뛰어난 코스타리카 원두를 악센트로 사용하여 농후함을 더한다. 거기에 만델링이 가진 개성적인 향과 맛을 조미료처럼 사용하여 중층적인 맛으로 완성한 블렌드 커피. 주역인 만델링을 어디까지나 소량으로 그치는 것으로 블렌드 전체가 둥글게 조화가 이룬 맛이 된다.

주역	베이스	베이스	악센트
만델링 (강볶음)	과테말라 원두 (중강볶음)	브라질 원두 (중강볶음)	코스타리카 원두 (중볶음)
10%	+ 30%	+ 40%	+ 20%

Column

‘○○블렌드’라는 이름을 내세우기 위해서는?

‘블루마운틴 블렌드’, ‘모카 블렌드’ 등 브랜드 원두를 상품명으로 하려면 해당 원두를 30% 이상 배합해야 한다. 이 규정은 전일본커피공정거래협의회가 정한 ‘레귤러 커피 및 인스턴트 커피의 표시에 관한 공정경쟁규약’에 따른다.

블루마운틴 브렌드

[예]
- 블루마운틴 ············ 30%
- 원두 A ····················· 50%
- 원두 B ····················· 20%

SCAJ 커핑 양식 작성 방법

커핑에 사용되는 '커핑 양식'. 커핑 세미나 등에서 받을 수가 있습니다. 여기에선 전문가의 기입 예시를 보면서 쓰는 방법을 소개합니다.

① 샘플명

커피 원두 이름 (혹은 번호)를 기입

② 로스팅

커피 가루의 상태의 색과 맛의 정도에 맞는 ○○에 체크.

※ 평가점에 관계 없음

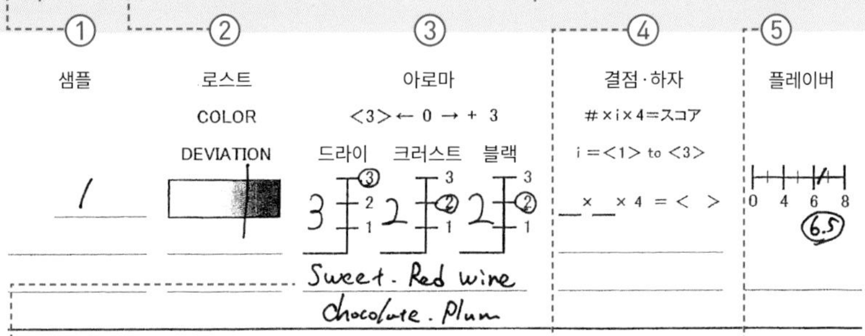

③ 아로마

커피 가루의 상태의 '드라이', 물을 부은 직후의 '크러스트'. 섞은 후의 '브레이크' 이 3가지의 타이밍을 기재. 향의 강함(강도) (오른쪽란) 등 질(왼)을 3~3으로 평가하여, 구체적인 아로마를 표현한다.

④ 결점 / 하자

기입 항목의 1개 ○○본래 스페셜티 커피는 결점, 카시가 없는 것이 전제이기 때문에 기재하지 않는 경우가 많다.

⑤ 플레이버

향미의 질을 평가한다.

⑥ 뒷맛의 인상도

뒷맛은 ○○한가, 그렇지 않은가를 평가한다.

⑦ 신맛의 질

'H(high)/M(middle)/L(low)'로 산의 강함을 평가한다. 그 신맛이 있는 것으로 전체가 긍정적인 인상인지(양질의 밝은 신맛), 부정적인 인상인지(불쾌한 신맛)를 체크한다.

⑧ 입안에 머금은 질감

혀의 매끄러움. '크림과 같은 길쭉함'과 '미끈매끈한 실크 같은' 등 질감의 감상이 긍정적인 평가이다. 반대로 '까슬까슬' 등은 부정적인 평가라고 한다. 'H/M/L'는 바디의 강함을 표현한다.

[점수 기준]
4점 … 보통
5점 … 양화
6점 이상 … 훌륭함
(매우 양호)

※평가점에 관계 있다. 6점 이상은 중간 점수가 주어진다.(예 6.5)

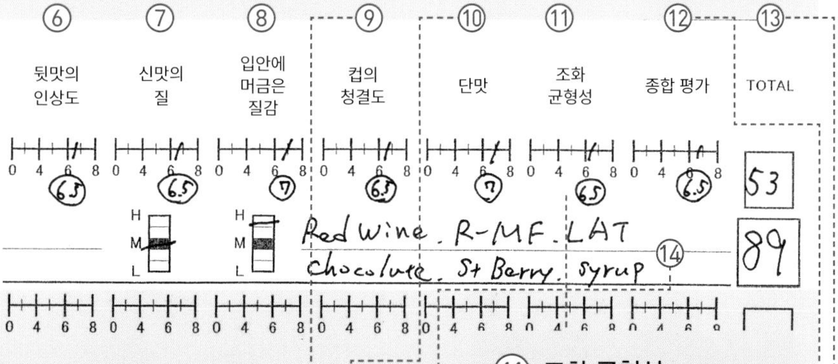

⑨ 컵의 청결도

맛의 청명감

⑩ 단맛

맛에 단맛의 인상이 강하면 강할수록 좋은 것이다.

⑪ 조화 균형성

⑤~⑩의 요소에 나쁜 항목으로 표시되지 않고 전체적인 균형이 좋을수록 가산점을 준다.

⑫ 종합평가

맛의 깊이 등 항목에 없는 부분도 주목하여 지금까지의 평가에 얽매이지 않고 주관적으로 첨가한다.

⑭ 맛의 인상

구체적인 맛의 인상을 기재. 평가 점수에는 직접적인 관계는 없지만, 맛의 표현도 커핑의 중요한 목적. 식혀 가는 과정에서 맛이 어떻게 변화했는지 그 과정을 메모해 두면 좋다. 여기에선 Red wine(레드와인), R-MF(부드러운 질감), LAT(길게 지속되는 뒷맛), Chocol at e(초콜릿), St Berry(딸기), Syr up(시럽)으로 표현한다.

⑬ TOTAL

④~⑫의 득점에서 정수 36점을 빼고 100점 만점으로 평가한다.

3. 갓 끓인 물을 부어 향을 맡는다.

90도 이상의 뜨거운 물을 샘플 컵에 전부 붓고 타이머를 켠다. 뜨거운 물의 양은 가루 10g에 180cc. 이 공정을 '크러스트'라고 한다. 1분 정도 기다린 다음, 풍기는 향기의 강도와 질을 확인하고 ③ '아로마' 항목 안에서 크러스트를 체크한다.

POINT

- 가루 10g에 180cc
- 1분 정도 기다리고 향을 확인한다.

4. 4분을 기다린 다음, 저어서 다시 향을 체크한다.

4분(3분인 경우도 있다)이 지나면 스푼이 컵의 바닥에 닿는 정도로 전체를 4회(회수, 섞는 방법은 경우에 따라 다르다) 섞어서 향을 만든다. 이 과정을 '브레이크'라고 부른다. 섞는 횟수나 섞는 방법은 모든 샘플에 대해 통일한다. ③ '아로마' 중 '브레이크'를 체크한다.

POINT

- 기다리는 시간이 3분인 경우도 있다.
- 스푼은 1회마다 반드시 세척한다.
- 브레이크의 횟수는 바뀔 때도 있다. 섞는 횟수나 섞는 방법 모두 샘플을 통일한다.

5. 거품과 찌꺼기를 건져낸다

컵의 위에 뜬 거품과 찌꺼기를 스푼으로 건져낸다. 스푼을 2개 사용하면 빠르게 할 수 있다. 찌꺼기는 버리기 용 컵 등에 버린다.

POINT

- 스푼을 2개 사용하여 빠르게 건져낸다.

6. 스푼으로 마셔 보면서 맛을 체크한다.

"습!" 하고 큰소리를 내면서 힘차게 마시는 게 요령이다. 입안에 골고루 퍼져 향이 코로 빠져나올 수 있도록 한다. 몇 번을 해도 좋다. 양식 ⑤~⑪을 체크한다.

POINT

- 스푼은 1회 사용할 때마다 반드시 씻는다.

7. 온도 변화에 맞는 맛을 체크한다.

커핑 형태는 각 항목 순서가 온도 변화에 맞게 명확해지는 요소 순으로 기재되어 있다. 항목을 한 번 체크하면 ⑤~⑪의 항목에 대해서 몇 번이고 확인하는(맛을 추가하여 점수를 바꿔도 된다) 마지막으로 종합 평가를 진행한다.

맛의 표현 방법

커핑으로 득점과 함께 중요한 것은 맛의 표현입니다.
구체적인 언어로 전하기 위한 표현 방법의 포인트를 소개합니다.

다른 음식으로 대체하여 이미지를 공유한다.

스페셜티 커피 맛을 표현할 때, 로스터리나 커피 스탠드의 대부분이 '밀크 초콜릿', '오렌지', '아몬드' 등 다른 음식으로 표현하고 있다. 그 이유는 모두가 알고 있는 맛으로 연상시켜 복잡하고 섬세한 맛을 가진 스페셜티 커피의 매력을 쉽게 전달할 수 있기 때문이다. 프로의 세계에서는 이 표현 방식을 정확하게 할 수 있는 능력이 필요하다. 집에서 커피를 즐기는 경우에도 맛을 느낄 수 있다면 커피 세계가 더욱 넓어진다. 초보자는 맛을 표현한다는 것이 어려울 수 있지만, 우선 어렴풋이라도 괜찮으니 처음에 느낀 맛의 특징을 말로 표현해 보자. 거기에서 한 걸음 나아가 구체적으로 어떤 맛에 가까운지 생각해나가는 것이다.

예를 들어 '상쾌한 신맛이 있다'고 느꼈다면 그것이 감귤계인지 혹은 베리계인지 혹은 열대 과일계인지 생각해 볼 수 있다. 더 나아가 그 맛이 감귤계라고 한다면 추가로 자몽인지 오렌지인지 더욱 구체적인 표현으로 반영된다.

단맛은 개인 감각에 의해 크게 좌우되기 때문에 정답과 오답은 없다. 또한, 원래 미각은 사람에 따라서 다르기 때문에 다른 사람이 표현한 맛을 자신이 반드시 느낄 수 있다곤 할 수 없다. 중요한 것은 느끼지 못한 맛을 표현하려고 하지 않는 것이다. 비록 다른 사람과 다르다고 하더라도 반드시 본인이 느낀 대로 표현하도록 한다.

구체적인 향미 표현 예시

대략적인 이미지에서 구체적인 맛으로 표현을 좁혀갑니다.
'떫다', '곰팡이 같은' 등 부정적인 향미도 틀린 표현이 아닙니다.
느낀 그대로 표현합니다.

STEP 1	STEP 2	STEP 3
과일 같은 향미	감귤류	자몽, 오렌지, 레몬, 라임, 유자, 귤 등
	베리류	딸기, 블루베리, 라즈베리, 크랜베리, 블랙베리 등
	사과류	사과, 청사과 등
	포도류	포도, 머스캣 등
	열대 과일류	바나나, 파인애플, 망고, 패션 프루츠, 코코넛 등
구수하다	견과류	아몬드, 땅콩, 피스타치오, 호두, 캐슈넛 등
단맛이 느껴진다	건조 과일	건포도, 자두, 말린 무화과, 곶감, 바나나 칩, 오렌지 껍질 등
	초콜릿	다크 초콜릿, 밀크 초콜릿, 화이트 초콜릿 등
	당류	꿀, 메이플시럽, 바닐라, 시나몬 등
향이 좋다	꽃	아몬드, 땅콩, 피스타치오, 호두, 캐슈넛 등
	허브	민트, 자소, 바질, 로즈메리 등
	향신료	후추, 산초, 생강, 시나몬, 카더멈 등

카페를 개업하려면

커피에 대해 자세히 알게 되면 스스로 카페를 개업하고 싶다고 생각하는 사람도 있을 것입니다. 개업하기에 앞서 우선 먼저 알아둬야 할 것은 무엇일까요?

독특함을 표현하여 이익을 내기 위해서

개업을 하기 위해선 커피에 대해 기술이나 지식이 있어야 함은 물론이고, 경영에 관해 구체적인 생각이 필요하다. 초기 비용, 운전 자금으로 준비된 돈도 필요하며 커피숍 건물 선정, 내부 시공, 직원 준비, 구매처 확보, 수지 계산 등 경영에는 다양한 지식과 작업이 동반된다. 가능하다면 개업 전에 요식업계에서 경험을 쌓는 것도 하나의 방법이다. 또한, 인터넷 판매/실제 매장, 테이크아웃 판매/착석 서비스와 업무 능력이나 규모의 크고 작음도 다양하다. 독특함을 어떻게 내세워 차별화를 둘지도 중요하다.

처음에 생각해 두어야 할 것

개업을 희망할 때, 맨 처음에 생각해 두어야 할 것을 소개합니다.

1. 업무 방식/스타일

입지, 타깃, 상품의 라인업, 카페 콘셉트, 업무 방식, 규모 등 카페의 토대를 만든다. 준비할 수 있는 자금과도 대조해 가면서 실사화하여 반영하는 것이 중요하다.

2. 자금

원가뿐만이 아니라, 집세, 인건비 등 소비되는 지출비와 예상 매출액을 상세히 시뮬레이션해 보면서 자금이 어느 정도 필요할지 명확하게 한다. 운전자금은 가능하면 개업 전 3~6개월분 정도를 준비해 두면 안심이다.

3. 자격·허가 취득

음식업의 경영에는 필요한 자격과 허가가 있다. 식품 취급에 필요한 자격으로 취득이 비교적 용이한 것은 '식품위생 책임자'이다. 영업 허가는 가게를 정한 단계에서 지자체에 상담하는 것도 좋다.

[필요한 자격]

점포 1군데에 1사람, 하단 중에서 하나라도 자격을 가지고 있는 종업원이 있어야 한다.

- 식품위생 책임자
- 조리사
- 제약위생사
- 영양사

[필요한 허가]

- 영업 허가 신청

카페가 영업에 필요한 기준을 충족하고 있는가를 지자체가 확인하기 위해서 필요한 신청. 검증일로부터 허가일까지는 1주일~10일 정도 기간이 필요하다.

카페 스타일을 정하자

카페의 영업 방식, 스타일을 생각해 보는 것은 즐거움 중의 하나.
여기서 주요한 예시를 소개합니다.

카페 영업 방식과 규모

小 ↕ 大

[커피 판매의 영업 방식 예]

이동식 카페

이동 가능한 레저용 차를 이용해 공원이나 이벤트 장소 등에서 판매한다.

장점: 초기 비용, 운영 비용을 적게 줄일 수 있다.
단점: 이동식 영업 방식이기 때문에 고정 손님이 생기기 어렵다.

커피 스탠드

점포 내에 좌석이 없고, 카운터에서 전달하는 판매를 한다.

장점: 고객 회전율이 빠르다. 초기 비용, 운영 비용을 적게 줄일 수 있다.
단점: 고객 단가가 저렴하다

카페

점포 내에 좌석을 설치하여, 커피를 전달하는 영업 방식

장점: 고객의 얼굴을 보기가 쉬우며, 고정 손님이 생기기 쉽다. 독특함을 표현하기 쉽다. 고객 단가가 높다.
단점: 커피 외에 메뉴가 필요하다. 고객의 회전율이 낮다. 점포 유지를 위해 초기 비용 및 운영 비용이 비싸다.

[커피 원두 판매의 영업 방식 예]

인터넷 판매

생두나 로스팅 원두를 온라인 상에서만 판매한다.

장점: 장소를 선정하지 않고 영업이 가능하며 초기 비용, 운영 비용을 줄일 수 있다.
단점: 실제 카페와 비교하였을 때 알려지는 게 어려워, 단골손님으로 이어지기 어렵다.

실제 점포 판매

실제 카페를 개업하여 커피 원두만을 판매하는 영업 방식. 인터넷 판매와 병행하여 진행하기도 한다.

장점: 온라인 판매만 하는 것보다 알려지기 쉬우며 소규모 점포부터 시작이 가능하다.
단점: 카페 유지를 위해서 초기 비용, 운영 비용이 비싸다.

카페의 차별화

[콘셉트]

고객층, 입지, 가게 분위기 등 구체적으로 하여 카페의 핵심이 될 콘셉트를 정한다.

- 핸드 드립 커피를 느긋하게 즐길 수 있는 작은 커피숍
- 유행의 어레인지 커피를 즐길 수 있는 젊은 층을 타겟으로 한 커피 스탠드.

[메뉴]

커피숍에서 제공하는 상품, 메뉴의 라인업을 정한다. 음식을 낼 것인가, 내지 않을 것인가도 고민해야 할 부분.

- 커피
- 어레인지 커피
- 빵이나 구운 과자
- 점심이나 아침

[대표 메뉴]

다른 가게와 차별화 둘 수 있는 가게만의 간판 메뉴를 생각한다.

- 자가 로스팅한 스페셜티 커피를 정성스럽게 핸드 드립
- 커피와 수제 디저트 조합을 즐길 수 있다.

커피 관련 자격과 대회

전문가를 목표로 한다면 물론이거니와 취미로서 즐기는 경우에도
꼭 알아두면 좋을 커피 관련 자격과 대회를 소개합니다.

취미로 끝내지 않는 스페셜리스트 세계

예를 들어 바리스타나 로스팅 전문가로 일하려고 하는 경우 특별한 자격이 요구되지는 않는다. 하지만 그 길의 '스페셜리스트'를 목표로 한다면 넓은 지식과 퍼포먼스 능력을 습득하기 위해 전문 강좌를 수강하고 자격증을 취득하는 것도 방법이다.

또한, 국내에서도 세계에서도 전문가가 참여하는 대회가 다양하게 개최되고 있다. 다양한 협의 내용으로부터 최근 커피 문화가 어떻게 무르익고 있는지 파악할 수 있다. 대회장소 견학이 가능한 곳도 많으므로 전문가의 기술을 보고 즐기는 것도 좋고, 실력을 연마하여 참가를 목표로 하는 것도 좋다.

커피 관련 자격

업계 단체, 공공기관이 진행하는 주요 자격과 접객 시에
도움이 되는 자격, 국제적인 감정 자격 2가지를 소개합니다.

커피 평가 스페셜리스트
큐그레이더

원두 품질을 감별해 커핑을 진행하는 전문가로 커피 품질 감정사라고 불리기도 한다. 그 국제 자격이 큐그레이더이다. 국제적 품질 평가 기관 CQI(SCA 산하)가 인정한다. 국내에는 합격자가 많지 않은 어려운 자격증이다.

[주관]
Coffee Quality Intitute (CQI) 커피 품질 연구소
[자격 취득까지]
6일간 연속으로 연수와 시험을 치룬다. 시험 내용은 SCA 방식의 커피 평가에 필요한 8과목 19시험으로 구성된다.

프로의 커피 맨
커피 마이스터

커피의 서비스 맨으로서 특히 고도의 지식과 이를 전하는 커뮤니케이션 능력을 갖추고 있는지 인정받는 자격. 소믈리에 배지처럼 커피나무 디자인의 골드 배지를 가슴에 달고 있다.

[주관]
일본 스페셜티커피협회
[자격 취득까지]
SCAJ이 주최하는 강좌 '커피 마이스터 육성 강좌', '실기 강습회'를 수강한 후 인정 시험을 치른다.

커피 관련 대회

여기에서는 일본에서 이루어지고 있는 주요 경기를 소개합니다.
세계 대회의 전초전이 된 대회도 많이 있습니다.

\ 에스프레소를 기반으로 한 여러 종류를 제공 /

일본 바리스타 챔피언십

에스프레소를 중심으로 음료의 기술을 겨룬다. 제한 시간 내에 3종류를 제조하고, 작업 내용의 적절성, 정확성, 일관성 등으로 평가한다. World Barista Championship 룰이 적용되며 JBC 우승자는 WBC에 출전한다.

창작 음료 '시그니처 음료'의 독창성에도 주목한다. 사진 제공: SCAJ

\ 퍼모먼스도 하나의 볼거리 /

일본 사이퍼니스트 챔피언십

사이펀에 의한 추출 기술 퍼모먼스를 겨룬다. 제한 시간 내에 블랜드 커피와 '시그니처 음료'라고 불리는 오리지널 음료를 제조한다 맛뿐만 아니라 기술 능력과 퍼모먼스도 평가 항목 중 하나이다.

사이펀을 이용한 섬세한 프레젠테이션은 보고 있는 것만으로도 즐길 수 있다. 사진 제공: SCAJ

\ 원두 감정 실력을 겨룬다 /

일본 컵 테이스터스 챔피언십

커핑 기술을 경기화한 대회. 커핑으로 3개의 컵 중에서 맛이 다른 하나를 맞추는 설문이 총 8번 진행되고, 그 정답 수로 우열을 겨룬다. 정답 수가 동일한 경우 정답을 맞추는데 걸린 시간으로 판정한다.

\ 원두에 맞춘 로스팅 기술을 평가한다 /

일본 커피 로스팅 챔피언십

로스팅 기술을 겨룬다. 2012년에 도입된 비교적 새로운 경기. '어떠한 향미 특성'을 만들 수 있을지 사전 보고한 후 로스팅에 임한 후, 가장 근접한 맛의 프로파일을 완성한 사람이 우승자가 된다.

\ 컵에 예술을 표현한다 /

일본 라떼 아트 챔피언십

SCAE World latte Art Championship 규칙에 준한 라떼 아트의 일본 대회. 8분간의 경기 시간 내에 3종류의 음료를 2잔씩 제조하여, 예술성 등을 보는 '외관'과 '서비스', '건강 관리' 등으로 평가한다.

Column

커피 젤리를 만들어 보자

풍부한 향과 바디가 있는 커피는 디저트의 재료로도 훌륭합니다.
자유로운 조합이 가능한 커피 젤리를 만드는 방법, 즐기는 방법을 소개합니다.

즐겨 찾는 원두를 젤리로 즐기기

카페에서 맛 본 커피 젤리가 맛있다고 느낀 적이 있을 것이다. 그 이유는 엄선된 원두를 사용하고 있기 때문이다. 만드는 방법은 간단하기 때문에 좋아하는 원두를 사용하면 가정에서도 맛있는 커피 젤리를 손수 만들 수 있다. 더욱이 커피 젤리는 여러 조합을 만들 수 있다.

예를 들어 단단함 정도를 변화시켜 파르페나 음료로 만든다거나 아이스크림 등을 토핑으로 넣어서 파르페로 만든다거나 하면 맛의 폭이 더욱 다양해진다. 맛의 측면에서도 술을 첨가해 향미를 넣는다거나 커피 젤리와 크림의 달콤함을 조절한다거나 제조 패턴은 무궁무진하다. 다양한 원두를 기반으로 조합해서 오리지널 커피 젤리를 만들어 보자.

기본 커피 젤리 제조 방법

【재료】(100㎖의 용기 4개 분)

진한 드립 커피 … 350㎖
젤라틴 가루 ……………8g
물 ……………… 2큰술
설탕 ……………… 40g
생크림 ………… 적정량

【만드는 방법】

1. 용기에 물을 넣고 젤라틴 가루를 조금씩 넣어 냉장고에 20분 이상 불려 넣어 둔다.
2. 1과 설탕을 그릇에 넣고 즉시 커피를 첨가하여 섞으면서 1을 녹인다.
3. 2가 담긴 그릇을 얼음물에 대고, 고무주걱으로 섞어 가며 열을 식힌다.
4. 3을 1/4씩 그릇에 옮겨 냉장고에 2시간 이상 차갑게 굳힌다. 그 위에 생크림을 올린다.

어레인지!!!

생크림을 휘핑하면
보기 좋은 디저트로 레벨업!

단단함을 조절해서 맛있게 어레인지!

젤라틴 양을 바꾸는 것만으로도 식감이 다른 젤리를 만들 수 있습니다.
단단한 정도에 따라 다양한 디저트를 어레인지 해봅시다.

[단단한 경우] 사각으로 자르기

'기본 커피 젤리를 만드는 방법'을 베이스로 설탕은 30g, 젤라틴 가루는 10g로 분량을 바꿔서 제조. 랩을 씌운 쟁반에 부어 굳어지면 식칼로 사각으로 자른다.

사각으로 자른 커피 젤리에 아이스크림이나 생크림을 토핑으로 올리면 파르페가 완성된다. 콩가루나 팥을 토핑으로 하면 일본식으로도 만들 수 있다.

[부드러운 경우] 크러쉬로

'기본 커피 젤리 만드는 방법'을 베이스로 설탕은 50g, 젤라틴 가루는 5g의 분량으로 바꿔서 제조한다. 젤라틴양이 적어 뭉쳐지기 않기 때문에 공정 4에선 냉장고에서 3시간 이상을 식힌다.

커피 젤리를 스푼으로 떠서 유리컵에 넣어서 우유를 부으면 마시는 커피 젤리가 완성된다. 바디를 내고 싶을 땐 생크림을 더하거나 여름엔 얼음을 넣어 보는 것을 추천한다.

에스프레소
의 본 고장
이탈리아로
봉쥬르
좋았어,
깔끔하게
에스프레소로
정하자
ME
Caffe
역시
커피
마니아다!

PART 5

커피와 문화

오랜 세월에 걸쳐 세계적으로 사랑 받고 있는 커피에는 숨겨진 역사나 알려지지 않은 건강 효과도 있습니다. 누군가에게 이야기하고 싶은 커피의 여러 가지 이야기를 소개합니다.

커피의 역사

현재 우리의 삶에 다양한 형태로 녹아 있는 커피. 여기에서는 커피가 전 세계에서 사랑받기까지 역사를 더듬어 찾아갑니다.

환경의 변화로 발전한 다양한 커피 문화

인류가 커피 나무를 발견한 곳은 에티오피아 서남부. 그러나 그 초창기에 현지 부족이 커피와 어떤 관계를 맺고 있었는지는 문자로 남겨져 있지 않아 명확하게는 알려져 있지 않습니다. 그 후 커피가 건너편 강가의 예멘에 퍼지면서 10세기경, 그 효능이 주목받아 '약'으로써 취급하게 됩니다.

기호품으로 마시게 된 것은 15세기경. 1500년경에는 메카에 '카페 하네(커피 하우스라는 뜻)'라고 하는 커피 전문점이 생기고, 이슬람교 지역에서 커피를 마시는 문화가 퍼져 나갑니다. 이윽고 16세기 말~17세기경 유럽에 전해지면서 현재 주류인 '드립식', '에스프레소식'이라고 하는 두 가지 마시는 방식이 개발되고, 그 후 17세기 아메리카 대륙으로 전해집니다.

'보스턴 차 사건'(P230)을 계기로 홍차를 대신한 서민의 기호 음료가 되어 여러 거대 소비국에 커피 문화가 정착되었습니다. 한편, 일본에 커피가 전해진 것은 19세기에 들어와서부터입니다.

커피 연표

6~9 세기경 여러 설이 존재
- 에티오피아 칼디의 전설

10 세기
- 아라비아인 의사 라제스로부터 초기 커피 기록

13 세기
- 예멘 오마르의 전설
- 이슬람권에서 특효약으로 커피 복용

15 세기
- 예멘에서 커피 나무가 재배되기 시작
- 1470~1500년경 '사우디아라비아' 커피가 메카로 전파

16 세기
- 카페 하네가 콘스탄티노플(현 이스탄불)에 개점
- 1554년[터키]

커피의 전설

커피의 발견에는 여러 가지 설이 있습니다.
그중 특히 유명한 전설을 두 가지 소개합니다.

1. 목동 칼디의 전설 (6~9세기경/에티오피아)

산양을 기르는 칼디는 흥분한 산양들을 목격하고, 그 원인이 붉은 나무의 열매를 먹었기 때문이라고 판단했다. 이야기를 들은 수도승이 그 열매를 삶아서 마시기 시작했다는 전설이다.

2. 수행자 오마르의 전설 (13세기경/예멘 모카)

거리로 추방되어 굶주림으로 곤경에 처해 있던 수행자 오마르는 어느 날 작은 새가 앉은 나무의 붉은 열매로 만든 수프를 마셨더니 기분이 상쾌해졌다고 전해진다.

초기의 커피

의학, 종교적인 음료로 취급된 초기의 커피.
당시의 사람들에게 어떤 존재인지 알 수 있다.

1. 의학적 효과에 주목

10세기 아랍인 의사 라제스가 커피의 열매를 우려낸 국물을 '방카'라고 이름 붙였다. 그 지식을 이어받은 의사 이븐 시나는 커피를 신체 각 부위를 강화시켜 피부를 맑게 하고 습기를 제거하고 향을 만들어 내는 것으로써의 의학적 효과에 주목했다.

2. 이슬람 교도의 특효약

15세기에 커피가 메카에 퍼지고 기도 도중 졸음을 없앤다는 효과가 주목을 받아, 술이 금기시되고 있는 이슬람 교도들 사이에 특효약으로 귀중하게 여겨졌다. 그러나 16세기 초 이에 대한 문제가 제기되었고, 이스탄불에서 커피 복용에 대한 탄압 사건이 발생하기도 했다.

17 세기

- 1607년 아메리카 캡틴 존 스미스가 북아메리카에 커피 지식을 전하다.
- 1615년[이탈리아] 커피가 베네치아에 전해져 유럽권으로 전해지다.

- 1645년[이탈리아] 베네치아에 첫 커피 하우스 개점
- 1652년[영국] 런던에 첫 커피 하우스 개점
- 1683년[오스트리아] 빈에 첫 커피 하우스 개점

커피 원두의 전파

커피 나무의 원종 중 현재 생산량이 가장 많은 아라비카종입니다.
어떻게 세계로 전파되었는지 그 발자취를 따라가 봅니다.

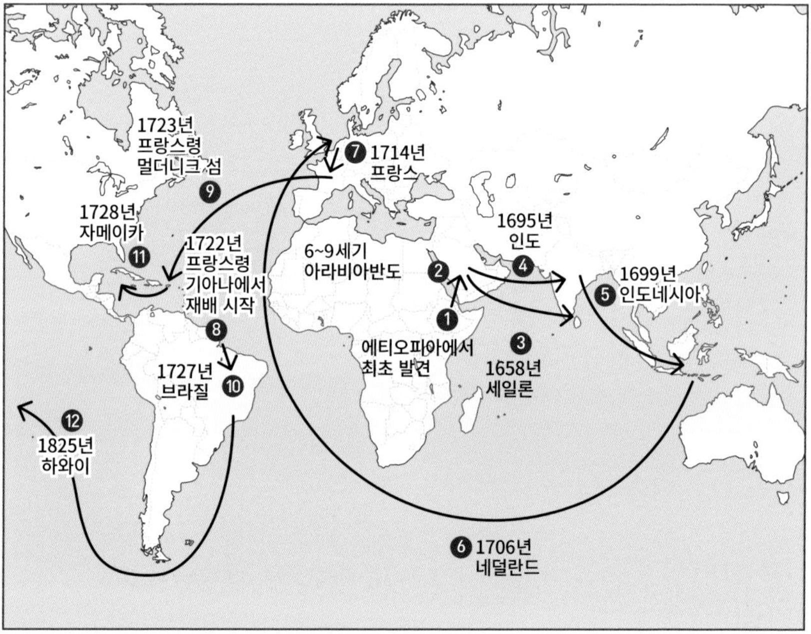

출처: UCC 우에시아 커피 홈페이지

커피가 전파되기까지 오랜 세월이 걸린 이유는?

13세기에 이슬람권에 전해진 이후 커피는 귀중한 특효약으로 인정되어 외교 수단 또는 무역 자원으로 여겨졌고, 각국이 전면적으로 보호하면서 국외 반출을 금하였다. 그러나 사람들은 때에 따라 목숨을 걸고 탈취에 도전하였고, 자국이나 영토로 가져왔다. 이렇게 발견에서 500년 이상이 걸려 커피는 커피 벨트 지역에서 활발하게 생산되어 일상생활 속에서 사랑받는 음료가 되었다.

18 세기

- 1773년 [미국]
  보스턴 차 사건을 계기로 커피가 미국에서 본격적으로 보급(P230)
- 1782년 [일본]
  일본에서 최초로 커피에 관한 번역서 출간

19 세기

- 1800년경 [프랑스]
  드립식 커피 포트 등장
- 1804년 [일본]
  문인이며 무사였던 오타 쇼쿠산진이 일본인 최초로 커피를 마신 체험기 기술
- 1840년경 [영국]
  영국에서 사이펀 발명

커피를 즐기는 다양한 방법

시대에 거쳐 커피 문화는 조금씩 변화하고 있습니다.
추출 방법에서 어렌지까지 다양한 즐거움을 소개합니다.

1. 추출 기구의 발전

가장 오래된 추출 방법은 '터키식' 이브릭을 사용하여 추출하고, 윗부분만 마시는 방법은 지금까지도 중근동에서 일반적이다. '터키식'은 1800년경 프랑스인 드베로이가 2단식 드립 포트를 개량한 것이 시초라고 한다. 그 후 퍼콜레이터 등이 등장하고 종이 필터를 사용한 드립 방식의 탄생은 20세기에 들어오고 나서이다. 직화식 마기넷타를 이용한 에스프레소식 커피의 탄생도 20세기로 비교적 최근이다.

드립 포트
포트를 2개 겹친 구조. 섬세한 구멍이 열려있는 상단에 커피 가루를 넣고 뜨거운 물을 부어 추출액을 아래로 모은다.

이브릭
구리 또는 놋쇠 추출기구로 분말 가루와 물을 넣고 가열한다.

퍼콜레이터
직화로 간편하게 커피 추출할 수 있기 때문에 현대도 아웃도어에서 인기가 있다. 뜨거운 물이 속에 있는 관을 통해서 뿜어 올라와 커피가 추출된다.

2. 마시는 방법의 다양화

인스턴트 커피와 캔 커피, 편의점의 드립 커피 등 시대와 함께 간편하게 커피를 맛볼 수 있는 수단이 정착. 한편, 가정용 로스팅 기계 또한 등장하여 커피를 즐기는 방법은 다양해지고 있다.

3. 다양하고 풍부한 조리법 변화

에스프레소에 우유를 첨가한 카페라떼

에스프레소에 생크림과 초콜릿을 더한 커피의 기본 메뉴라던가 디저트 등 맛의 베이스로 쓰이는 등 변화의 패턴은 무궁무진하다.

- 1858년 [일본]
  자유 무역 시작하여 정식으로 커피의 수입 시작
- 1898년경 [콩고]
  카네포라 종 로부스타 발견
- 1899년경 [미국]
  일본인 화학자, 카토 사루토리 박사가 인스턴트 커피를 발명

20 세기

- 1963년 국제커피기구(ICO) 설립
- 1969년 [일본]
  세계 최초로 우유가 들어간 캔 커피가 일본에서 탄생
- 1986년~[미국]
  스타벅스 커피가 시애틀계 에스프레소 음료 서비스를 개시

21 세기

- 2010년 [미국]
  블루보틀 커피가 뉴욕에 첫 출범

세계의 커피 이야기

세계에 보급된 커피는 각 나라에서 독자적인 진화를 거듭하고 있습니다.
각국의 다채로운 문화를 느낄 수 있는 놀라운 커피 원두 지식을 소개합니다

1

혁신적인 커피 문화를 만든 일본

유럽과 미국에 비교하면 일본은 커피 문화의 후발국입니다. 시애틀계 커피, 제3의 물결(P242) 등 유행의 트렌드는 특히 미국의 영향을 강하게 받고 있습니다. 한편, 캔 커피의 발명이나 아이스 커피, 다방의 보급 등 독자적인 커피 문화도 발달했으며 다른 문화를 유연하게 흡수, 준비하는 일본인의 특기는 커피 분야에서도 나타납니다.

1. 일본은 아이스 커피 대국

아이스 커피는 일본의 독자적인 마시는 방법으로 메이지 시대에 커피를 차게 해서 마시기 시작한 것이 시초라고 한다. 일본에선 대중적으로 마시는 방법이지만 해외에서도 최근에 들어서 인지도가 높아지고 있다.

2. 캔 커피는 일본의 발상!

1969년 세계 최초의 캔 커피가 일본에서 탄생했다. 개발자는 UCC 창업자 우에시마 타다오. 당시의 병에 담긴 커피 우유는 병을 매점에 반납해야 했기 때문에 '어디서나 마실 수 있는 커피'를 개발했다.

3. '커피'라는 한자는 비녀에서 유래

'커피'라는 한자를 생각한 것은 에도 시대 우다가와 요우안(宇田川榕菴)이다. 커피 열매의 모양을 비녀에 비유하여 비녀의 꽃을 표현하는 '가(珈)'와 비녀의 구슬을 연결하는 끈을 표현하는 '배(琲)'란 한자가 채택되었다.

4. 세계를 놀라게 한 일본 디자인 카푸치노

에스프레소 위에 우유를 부어 그림을 그리는 라떼 아트. 일본에서는 하트와 잎사귀는 물론 만화 캐릭터나 동물까지 다양하며 그 정밀함에 해외에서의 반응도 뜨겁다.

5. 예스러운 멋이 풍기는 다방 문화는 제3의 물결보다 먼저?

직접 로스팅한 원두를 사용한다거나 핸드 드립으로 한 잔씩 내린다거나 등 제3의 물결의 대표적인 특징은 사실 일본의 커피점 문화와 같다. 제3의 물결의 붐이 일본에 정착할 때 그런 배경도 한몫했다고 말할 수 있을 것이다.

6. 일본 최초의 커피점은 서민의 사교의 장소

일본 최초 본격적인 커피점은 1888년 우에노 구로몬 거리에 개점한 '可否茶館'이다'. 마실 것과 먹을 것뿐만 아니라 당구와 트럼프 등을 즐기는 서민의 사교의 장소였다.

7. '순수한 찻집'이라는 말이 탄생한 계기는?

1910년~1920년대에는 초기에는 커피가 아닌 술과 여자에 의한 접대 서비스가 메인인 '카페'가 큰 붐이었다. 그런 가게와 구분하기 위해 일반적인 커피점을 의미하는 '순수한 찻집(純喫茶)'이라는 말이 등장했다. 1930년대 부터 사용하기 시작하여 반면 '카페 문화'가 쇠퇴한 지금도 당시의 호칭이 그대로 남아 있다.

2

일본에 큰 영향을 준

미국

커피의 거대 소비국 미국. 유럽 국가와도 다른 독자적인 커피 문화가 뿌리 내린 계기는 독립전쟁 시대까지 거슬러 올라갑니다. 대량 소비 시대를 거쳐 일본에서도 인기 커피 체인점인 '스타벅스 커피'가 제2의 물결을 이끌었습니다. 그 후 제2의 물결의 대표로서 제3의 물결을 전파하고 세계의 커피 붐에 선도하고 있습니다.

1. 싱거운 커피 = 아메리칸 이유 중 하나는 독립전쟁?

독립전쟁의 계기가 된 1773년의 '보스톤 차 사건'. 서민의 기호 음료였던 차에 과하게 세금을 부과한 영국에 분개한 미국 상인들이 수입한 홍차를 바다에 던져 버렸다. 그 후 커피가 홍차의 대용품으로 바뀌었다. 처음에는 차의 대용품이었기 때문에 비슷한 맛을 내기 위해 싱거운 맛이 주류였다고 한다.

2. 인스턴트 커피는 미국에서 일본인이 개발

커피 보급을 뒷받침한 인스턴트 커피의 발명자는 일본의 가토 사토리 박사로 알려져 있다. 그는 시카고에 가토상회를 설립하고 팬아메리카 박람회에 인스턴트 커피를 출품·판매했다. 그러나 가토 박사는 특허를 취득하지 않았고, 1906년 조지 콘스탄트 워싱턴이 특허를 취득했다.

3. 미국에서 유일한 커피 산지는 하와이

50개의 주, 광대한 토지를 보유 중인 미국이지만 수출량이 안정적으로 확보 가능할 정도로 커피 원두의 산지로 인식되어 있는 곳은 하와이주뿐이다. 블루마운틴과 대등할 정도로 가치가 상승하고 있는 '하와이 코나'를 비롯해 오아후, 마우이섬 등 다른 지역에서 재배되는 커피도 최근 많은 인기를 받고 있다.

5. 싱거운 커피 = 아메리칸 또 하나의 이유는?

제2차 세계대전 때 커피는 군대에 공급하는 것이 가장 최우선시되었기 때문에 미국 내에서의 공급량이 부족했다. 적은 원두를 활용하여 절약하는 다양한 방법을 고안해 싱겁게 만드는 습관이 정착되었다. 이러한 이유로 아메리칸 커피 = 싱거운 맛이라는 이미지가 생겼다는 설도 있다.

6. 맥주 서버기로 따르는 드래프트 커피 출현

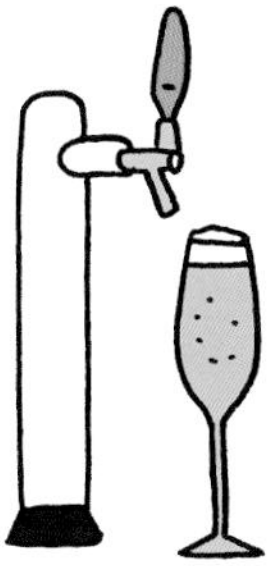

최근 주목을 모으고 있는 '드래프트 커피' 맥주 서버기에서 질소를 넣고 따르는 아이스 커피로 2012년 스텀프타운 커피 로스터즈사가 포틀랜드에서 판매를 시작했다. 그러자 순식간에 전국으로 퍼져 지금은 인기 체인점에도 메뉴가 도입되어 있다.

4. 시애틀계 커피 붐은 1980년대 후반부터 시작

1980년대 후반부터 일대의 붐을 일으킨 시애틀계 스타일. 지금까지 주류였던 깔끔한 맛의 아메리칸 스타일과는 다른 깊은 로스팅 정도의 에스프레소를 베이스로 내는 것이 큰 특징이다. 휘핑크림 등의 달콤한 토핑으로 디저트처럼 완성하는 메뉴도 정착했다.

3

커피의 깊은 사랑을 느낄 수 있는

유럽

에스프레소를 탄생시킨 이탈리아, 카페오레를 탄생시킨 프랑스 등 현재 커피 문화의 주춧돌을 쌓아 올린 유럽 생활에 있어서 커피는 필수불가결입니다. 커피의 연간 소비량 그리고 1인당 소비량도 북유럽을 비롯한 유럽은 다른 지역을 압도하고 있습니다.

1. 1인당 연간 소비량은 북유럽이 가장 많다!

세계 커피 소비량 중 핀란드나 노르웨이, 덴마크, 상위 5개 중 3개국도 북유럽 국가 순위 안에 들어가 있다. 이 결과에서 알 수 있듯이, 북유럽은 커피 생활이 뿌리 깊게 잡혀 있는 커피 대국이다. 일본에서도 북유럽계의 카페가 주목을 모으고 있다. 덧붙여서 서유럽에 위치한 룩셈부르크의 소비량이 엄청나게 높은 이유는 세금(부가가치세와 같은 간접세)이 저렴해 주변 국가에서 집중적으로 사는 구매자들이 있기 때문이다.

1인당 커피 소비량(2013년)

(단위 : kg 1인/연)

1 위	룩셈부르크	27.33
2 위	핀란드	12.1
3 위	노르웨이	9.08
4 위	오스트리아	8.82
5 위	덴마크	8.78

출처 : '세계의 1인당 커피 소비량'
전일본커피협회

2. 북유럽은 시나몬 로스트가 메인!

일본에서는 제3의 물결의 커피 붐 이후 익숙해진 신맛이 강한 시나몬 로스트 원두가 북유럽에서 선두로 주류가 되었다. 이는 품질이 높은 원두를 엄선하여 수입하고 있기 때문에 나타날 수 있는 커피 문화이다. 따라서 설탕이나 우유를 듬뿍 넣어 마시는 경우가 많은 유럽의 다른 나라와는 달리 블랙으로 즐기는 것이 일반적이라고 한다.

3. 이탈리아에서 바의 수는 13만 개 이상

이탈리아에는 'BAR'라고 불리는 카페가 많다. 커피가 사람들의 생활의 일부가 된 이탈리아에서 바의 수는 13만 개가 넘는다. 덧붙여서 커피 체인 스타벅스 커피에서 프렌치 로스트 에스프레소가 베이스가 된 것은 이탈리아 바 문화의 영향이 크다고 할 수 있다.

4. 에스프레소는 설탕을 넣어서 즐긴다

이탈리아에서는 에스프레소는 2~3스푼의 설탕을 넣고 가볍게 저어 향기로운 향기와 함께 즐긴다. 다 마시고 나면 컵에 침전된 설탕을 스푼으로 떠서 맛본다.

5. 영국에는 '화이트 커피'가 있다.

영국 카페에는 화이트 커피라고 불리는 메뉴가 있다. 색이 흰 커피가 아니라 우유를 넣은 커피라는 의미이다. 영국에서는 홍차도 우유를 넣지 않은 '블랙'과 우유를 넣은 '화이트'라고 구분해서 부른다.

4

주요 커피 생산지

중남미

세계 최대의 커피 산지 브라질을 포함한 중남미. 커피 원두는 귀중한 외화를 획득하는 자원이기도 하므로 과거에는 각국과도 높은 품질의 원두는 적극적으로 수출로 내놓는 경향이 있었습니다. 그 때문에 현지에서는 여러 가지 로컬 스타일의 커피가 탄생하고 있습니다.

1. 같은 남미에서도 다른 생산 방식

커피콩 생산량 (2015년)

1위	브라질
2위	베트남
3위	콜롬비아

커피콩 수출량 (2015년)

1위	브라질
2위	베트남
3위	콜롬비아

출처: 上/ICO (International Coffee Organization)、下/USDA (U.S.DEPARTMENT OF AGRICULTURE)

2. 커피 대국의 뒤에 남은 역사적인 에피소드

브라질에 커피 나무가 건너간 것은 1727년이다. 커피 나무의 국외 반출이 금지되어 있던 시대에 포르투갈 장교가 커피 재배에 성공한 프랑스 영토 기아나로부터 반출하려고 계획하고 기아나 총독 부인에게 접근한다. 계획은 난항을 겪지만 귀국할 때 부인에게 받은 꽃다발 속에 커피 나무가 숨겨져 있었다는 일화가 전해지고 있다.

3. 칠레는 인스턴트 커피가 주류

남미일지라도 커피 벨트에서 벗어나 있는 칠레, 아르헨티나, 파라과이에서는 커피가 거의 생산되지 않는다. 특히 칠레에서는 커피라고 하면 카페에서 인스턴트 커피가 제공될 정도이다. 커피콩의 생산량과 수출량 모두 세계 1위와 3위를 지키고 있는 브라질과 콜롬비아의 생산 스타일은 대조적이다. 브라질이 넓은 땅에서 기계로 수확하는 대규모 농장이 주류인 것에 비해, 안데스 산맥의 경사가 심한 곳에서 커피 나무를 재배하는 콜롬비아는 소규모 농장이 대부분이다.

4. 국내 소비량이 높아진 콜롬비아

다른 남미 국가들처럼 예전에는 커피의 국내 소비가 적었던 콜롬비아. 그러나 'FNC 콜롬비아 커피 생산자연합회'의 활동 등으로 국내 소비량은 2009년 120만 포대에서 2015년 150만 포대로 대폭 상승했다. 2016년에는 하루에 평균 3~4컵이 마실 만큼 소비가 증가했으며, 특히 스페셜티 커피의 수요가 높아지고 있다.

6 거의 우유인 아르헨티나의 음료

남미 아르헨티나에는 '카페 라그리마(Lágrima)'라고 하는 독자적인 커피가 있다. 거품을 낸 뜨거운 우유를 컵에 부은 후, 1스푼 분량의 진한 커피를 넣은 거의 우유와 같은 음료이다. 마지막으로 취향에 따라 설탕을 더해 완성한다.

5. 페루는 커피의 농축액을 희석하여 마신다.

페루의 카페에서 커피를 주문하면 빈 잔과 커피 농축액이 담긴 작은 병, 그리고 뜨거운 물이 나온다. 농축액 자체는 진하기 때문에 뜨거운 물과 함께 컵에 따라서 자신의 취향에 맞게 맛을 조절한다. 카페오레는 뜨거운 물 대신 우유가 나온다.

7. 멕시코의 커피는 시나몬과 흑설탕으로 끓여낸다.

멕시코에는 전통적인 로컬 커피 '카페 드 올라(Café de olla)'가 있다. 커피 원두를 시나몬과 흑설탕과 함께 냄비에 끓여서 만든다. 흑설탕의 깊은 단맛과 시나몬의 향미가 독특하며, 추운 시기에 즐겨 마신다.

5

커피 발상지

아프리카 · 아시아 · 오세아니아

커피 발상지 에티오피아를 비롯한 많은 커피 생산지가 모여 있는 아프리카. 세계에서 가장 귀중하고 고가의 원두커피를 생산하는 인도네시아를 포함한 아시아. 그리고 현재 새로운 커피의 미개척지로서 눈에 띄는 오세아니아 지역. 개성이 강한 3개 지역에 주목합니다.

1. 에티오피아의 커피 세리머니란?

불로 생두를 지긋하게 볶는다.

한 사람당 3잔씩 따르는 것이 일반적이다.

에티오피아의 '커피 세리머니'란 일본의 다도와 같은 의식이다. 손님에게 커피를 대접하면서 다양한 이야기로 꽃을 피우는 전통적인 접대 방법이다. 세리머니를 도맡아 하는 사람은 보통 여성이며 커피의 생원두를 볶는 과정부터 시작해서 여유를 두고 시간을 들여 의식이 이루어진다.

2. 케냐의 대표 품종 SL28, SL34의 'SL'?

스페셜티 커피 시장에서의 높은 관심을 받고 있는 케냐. 1903년에는 커피 연구를 위한 '스콧 연구소(Scott Laboratories, 지금의 국립농업연구소)'가 설립되어 많은 품종이 만들어졌다. 케냐의 주력 품종인 'SL28', 'SL34' 등은 이 연구소가 개발한 것이다.

3. 나라의 혼란이 영향을 준 아프리카의 커피 산업

아프리카 여러 지역에선 커피 산업 노동을 많은 여성이 담당하고 있다. 국가의 혼란 등 영향으로 르완다에서 남성들의 숫자가 급격히 감소한 것이 그 이유 중 하나이다. 아프리카의 커피 산업은 나라의 경제 부흥이 기대되는 부분도 있다.

4. 오세아니아의 플랫 화이트

호주와 뉴질랜드에서 가장 유명한 커피는 '플랫 화이트'. 이것은 에스프레소에 우유를 부은 커피를 말한다. 카페라떼와 카푸치노와의 가장 큰 차이는 스팀 우유의 부드러운 거품이다.

5. 말레이시아에서 인기 있는 '화이트 커피'

화이트 커피는 말레이시아의 로컬 커피. 원래는 마가린, 설탕, 밀가루를 섞어서 커피를 볶는 독특한 로스팅 방법이다. 근래 이것이 소량의 마가린만 첨가해 연하게 로스팅 한 커피로 바뀌었다. 쓴맛이 없고 농후한 맛으로 국외에서도 인기가 있다.

7. 인도의 '몬순 커피 (Monsoon coffee)'란?

인도에는 몬수닝(Monsooning)이라고 부르는 독특한 정제 방법이 있다. 연안 공장에서 껍데기를 벗긴 커피 원두를 몬순 방식으로 수분을 흡수시킨 다음에 천천히 다시 환기시켜 황금빛 생원두로 만든다. 그 맛은 '깊은 감칠맛과 강렬한 향'이 된다.

6. 세계 제2위로 부상한 베트남의 커피

베트남은 세계 제2위의 커피 생산량, 수출량을 자랑한다. 대부분이 로부스타(Robusta)종이며, 커머더티 커피(commodity coffee)로서 세계에 유통되고 있다. 베트남 국내에서는 독자적인 커피 문화도 탄생하여, 전용 커피 필터를 사용해 연유 넣어 마시는 '베트남 커피'가 유명하다.

8. 인도네시아의 매우 귀중한 원두

커피 마니아층 사이에서 인도네시아산 '코피 루왁'이 값진 원두로 취급되고 있다. 사향고양이가 한 번 먹고 배출한 원두를 모아 볶기 때문에 생산량이 매우 적다. 1995년 이그노벨상에서 영양학상 수상으로 이목을 끌며 유명해졌다.

커피의 건강 효과

커피가 발견된 당시는 졸음을 막아 주는 특효약으로 소중하게 여겼습니다. 즉 커피는 '약'의 기능으로도 효과를 발휘하고 있던 것입니다. 여기에서는 커피의 약효를 설명하고 Q & A에서 더 자세히 설명하겠습니다.

커피에 포함 된 3대 유효 성분

트리고넬린 (Trigonelline)

생원두에 함유된 성분으로 가열하면 '니코틴산(비타민 B_3)'와 'NMP(N-메칠피리지니움이온)'으로 변화한다. 니코틴산은 고지혈증 예방과 치료에 효과가 있다. NMP는 강한 항산화력을 가져 부교감신경을 자극하여 스트레스 완화를 촉구한다.

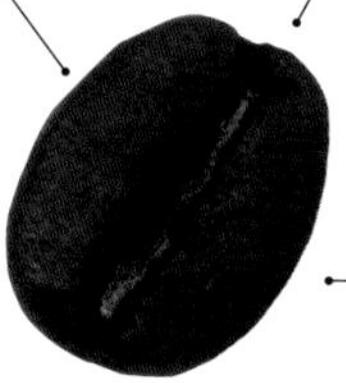

카페인(Caffeine)

각성 효과가 있다. 대사가 활발해지고 지방의 연소를 도우며, 염증을 억제하는 효과도 있다.

폴리페놀 (Polyphenol)

항산화 능력이 있다. 당분의 흡수를 늦춰 식후 혈당의 상승을 억제하는 작용도 있다.

카페인과 폴리페놀의 시너지 효과

우리 몸에 카페인과 폴리페놀이 흡수되면 먼저 폴리페놀이 활성산소를 중화한 다음 카페인이 산화되어 염증을 억제한다. 즉 두 가지 다른 성분이 서로 다른 표적(작용점)에 작용되어 체내의 염증을 두 번 잡아주는 것이다.

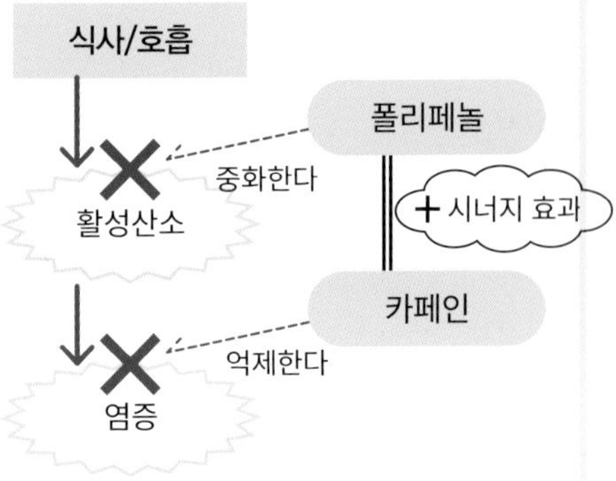

암 세포 증식을 막고, 최신 의료 효능을 발휘

카페인

카페인은 피부암 중 하나인 '기저세포암' 예방에 효과가 있다고 알고 있습니다. 자외선으로 손상된 세포를 소멸시켜 손상을 남기지 않기 때문에 커피를 마시지 않는 사람보다 피부암 발생 위험을 78%까지 낮춘다는 연구 결과도 있다. 미국에서는 카페인이 함유된 자외선 차단제가 판매하고 있다고 하지만 자외선을 받기 전에 커피를 마시는 것으로도 예방에 도움이 될 것입니다. 또한, 커피의 클로로겐산(Chlorogenic acid, 커피 폴리페놀)이 자외선으로 생기는 기미를 예방한다는 연구 발표 있습니다. 색소 세포(멜라노사이트, Melanocyte)가 만든 색소가 피부에 침착되지 않도록 클로로겐산이 보호해 준다고 합니다. 여기에서도 카페인과 폴리페놀이 시너지 효과를 발휘하고 있습니다.

폴리페놀 함유량이 가장 많은 것은 커피

폴리페놀

폴리페놀은 많은 식물에 함유되어 있지만 커피에 함유되어 있는 것은 '커피 폴리페놀'라고 하는 클로로겐산입니다. 사실 모든 식품 중 커피에 함유되어 있는 폴리페놀의 비율은 최대인 것으로 알려져 있습니다. 예를 들어, 블루베리의 폴리페놀인 안토시아닌(Anthocyanin)을 1g 섭취하기 위해서는 블루베리를 100g 먹어야 하는 반면, 커피(시나몬 로스트)를 1잔 마시는 것만으로 1g 섭취할 수 있다고 합니다. 클로로겐산의 효능은 세포의 산화를 억제, 장수 호르몬으로 유명한 아디포넥틴(Adiponectin)의 분비를 촉진하여 당분의 흡수를 지연하여 식후 혈당치 상승을 억제하며, 부교감신경을 자극하여 혈압을 낮춘다거나 중성지방의 분해를 촉진하는 등 실제로 건강 유지에 도움이 되는 효과들이 다양합니다.

가열할수록 증가하는 건강 성분 2가지

트리고넬린

커피 생두에 포함된 트리고넬린은 가열하면 '니코틴산'과 'NMP'라는 성분으로 변화합니다. 이 두 성분 모두 커피의 건강 효과를 만드는 필수 성분입니다. 니코틴산은 스트레스로 인해 야기하는 중성지방의 증가를 막는 기능이 있습니다. 또한, 당뇨병, 고혈압, 동맥경화 등의 개선 효과로 입증되고 있는 아디포넥틴의 분비를 촉진하여 혈관 벽을 보호하거나 혈액을 원활하게 만드는 기능이 있습니다. 최근에는 대장암을 예방한다는 효과로 주목받고 있습니다. NMP는 부교감신경을 자극해 기분을 좋게 하거나 대장 기능을 원활하게 하고 혈압을 낮추는 기능을 합니다. 이 강한 항산화 능력에는 발암 물질의 해독 작용의 기능도 있다고 합니다. 모두 가열하면 할수록 증가하기 때문에 프렌치 로스트(진하게 볶은)의 원두가 두 성분을 더 많이 섭취 할 수 있습니다.

Q.1 아라비카종과 로부스타종중 어느 쪽이 더 건강 성분이 많은가?

A.1 함유되어 있는 건강 성분이 다릅니다.

스트레이트로 마시는 경우가 많은 아라비카종과 인스턴트 커피 등으로 사용되는 로부스타종. 대량 생산되는 로부스타종에 비해 아라비카종이 가격이 비싸기 때문에 유효 성분도 더 풍부하지 않을까 생각하지만 양쪽 모두 건강 성분은 함유되어 있습니다.
아라비카종은 트리고넬린이 풍부하며, 로부스타종은 카페인과 클로로겐산이 많이 함유되어 있어 두 종류 모두 마시는 것이 건강 효과를 높일 수 있겠지요.
덧붙여서아라비카종은 당분이 많이 함유되어 있기 때문에 로스팅 하면 단맛이 더해져 향미가 좋아집니다. 한편, 클로로겐산의 함유량이 많은 로부스타종은 로스팅할 때 독특한 쓴맛이 생기는 단점이 있지만, 카페인 함유량은 아라비카보다 압도적으로 많습니다. 졸음을 쫓는 데에도 쓴맛과 카페인의 이중 효과를 기대할 수 있습니다.

Q.2 로스팅 정도에 따라 건강 성분은 변할까?

A.2 열을 가하면 증가하는 성분, 감소하는 성분이 있습니다.

커피 원두는 로스팅 정도에 따라 건강 성분이 크게 변화합니다. 먼저 로스팅한 콩에 함유되어 있는 건강 성분에는 카페인, 클로로겐산, 니코틴산, NMP가 있습니다. 이 중에서 카페인이 유일하게 온도에 좌우되지 않는 성분입니다. 클로로겐산은 열에 약하기 때문에 시나몬 로스트 원두에 많이 함유되어있습니다. 반면 니코틴산 및 NMP는 열을 가할수록 증가하기 때문에 프렌치 로스트 원두에 많이 함유되어 있는 성분입니다.
또한, 프렌치 로스트 원두는 커피 특유의 향 성분과 색상 성분이 더해집니다. 향 성분은 니코틴산뿐만 아니라 고지혈증 치료제의 성분이 되기도 하며, 색상 성분은 장에 좋은 박테리아의 역할을 한다는 이야기가 있습니다.
즉 열을 가하는 정도에 따라 생기는 건강 성분은 변하기 때문에 시나몬 로스트와 프렌치 로스트를 전부 마시면 4가지의 건강 성분을 골고루 섭취할 수 있습니다.

Q.3 언제 마시는 것이 건강에 좋은가?

A.3 다이어트 목적이라면 식전에, 치매 예방 목적은 규칙적으로 마시기

다이어트 목적이라면 '식전'에 마시기를 추천합니다. 클로로겐산이 당분의 흡수를 지연시켜, 식후 혈당 상승을 억제하는 작용을 하기 때문입니다. 또한 식전에 마시면 식욕을 억제시키는 호르몬을 자극하여 과식 방지에 도움을 줍니다.

또한, 알츠하이머형 치매 예방에는 커피를 규칙적으로 마시는 것이 효과적입니다. 이유는 카페인의 혈중 농도를 유지할 수 있기 때문에 대략 '하루에 2~3잔', 커피를 매일 마시는 습관을 20년 정도 유지하면 좋다고 알려져 있습니다.

카페인은 운동 기능을 높이는 효과도 있으면서 단순 계산 능력을 향상시킨다는 연구 결과도 있으므로 운동 30분 전에 커피 한 잔을 마시고 조깅 등 가벼운 운동을 하면서 머릿속에서 단순 계산을 한다면 근육 근육과 뇌 양쪽으로 인지 기능을 활성화시킬 수 있는 찬스이겠지요.

Q.4 하루에 커피를 몇 잔 마시는 것이 건강할까?

A.4 1일 2~3잔은 안심. 4잔 이상은 피하는 것이 좋습니다.

커피의 건강 효과는 입증되었지만 '매일 4 잔 이상 커피를 마시는 55세 미만의 사람의 사망률은 마시지 않는 사람보다 높다' 라는 연구 결과도 있습니다. 그 때문에 하루 2~3잔이 건강을 위해 좋습니다.

또한, 추출 방법으로도 성분이 달라집니다. 원두의 오일 성분에 포함된 '디터펜산(diterpenes)'이 혈중 콜레스테롤과 중성지방 수치를 높게 만든다고 알고 있지만, 이는 필터로 50~100분의 1까지 제거할 수 있습니다. 궁금한 사람은 프렌치 프레스보다 종이 드립이나 넬 드립이 좋습니다.

Column

제3의 물결이란?

2010년경부터 세계 커피 업계에서 트렌드가 된 '제3의 물결'
제1~2의 물결과 함께 그 특징을 소개합니다.

세계적 변화 속에서 대두된 커피의 새로운 가치

'제3의 물결'이란 대량 생산 및 소비된 제1의 물결, 시애틀계 체인이 유행한 제2의 물결에 이어 2000년대경 미국에서 탄생한 트렌드입니다. 커피를 소비 재료가 아닌 와인과 같이 즐기자고 하는 마인드입니다. 이 마인드가 세계적인 붐으로 도달하기까지 금융 위기 등의 영향에서 '유행이나 돈에 구애받지 않고 삶을 즐기자'라고 하는 사람들의 가치관의 전환이 배경에 있는 것도 빼놓아선 안 됩니다.

제3의 물결을 타고 등장한 커피숍의 공통점은 크게 다음의 3가지입니다. ① 스페셜티 커피 싱글 오리진에 대한 고집. ② 1잔씩 끓여 제공한다. ③ 커피는 시나몬 로스트로 신맛이 강한 경향이 있다. 그 다음을 이을 제4의 물결은 무엇일까, 업계 전체가 주목하고 있습니다.

19세기 후반~1970년대

저렴한 커피가
대량 생산·소비된 시대
제1의 물결

생산국에서는 정제 방법 등의 새로운 기술이 도입되었고, 수송 정비 또한 확대되는 등 여러 가지 요인이 거듭되면서 대량 생산이 가능해졌다. 인스턴트 커피의 보급도 도와, 간단하고 저렴한 커피가 전 세계에 퍼져 일상생활에서 소비될 수 있게 되었다.

1980~1990년대

시애틀계 커피 체인이
큰 붐으로
제2의 물결

제1의 물결 이후 역습으로 원두의 향미를 중요하게 생각한 시애틀계 커피 체인이 등장했다. 에스프레소계의 진한 커피와 그것을 디저트처럼 변화시킨 음료가 크게 유행한다.

2000년대~

스페셜티 커피가
일반화
제3의 물결

원두의 맛의 개성은 물론 트레이서빌리티가 중시되어, 와인 용어로 말하면 '떼루아'의 개념이 커피에도 생겼다. 블렌드보다 시나몬 로스트 싱글 오리진으로 원두의 향미를 즐기는 것이 기본이다.

45 지역·61품목의 산지 & 커피 원두 카탈로그

세계 주요 커피 원두 생산지와 주목을 받고 있는 스페셜티 커피의 원두를 모두 소개합니다. 이 책에서 소개한 지식을 힌트로 삼아 지역의 원두 특징을 알아봅시다.

[카탈로그를 보는 방법]

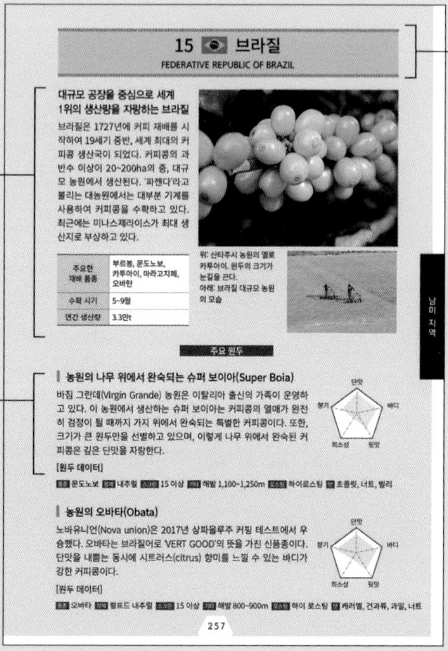
15 브라질
FEDERATIVE REPUBLIC OF BRAZIL

대규모 공장을 중심으로 세계 1위의 생산량을 자랑하는 브라질

브라질은 1727년에 커피 재배를 시작하여 19세기 중반, 세계 최대의 커피콩 생산국이 되었다. 커피콩의 과반수 이상이 20~200ha의 중, 대규모 농원에서 생산된다. '파젠다'라고 불리는 대농원에서는 대부분 기계를 사용하여 커피콩을 수확하고 있다. 최근에는 미나스제라이스가 최대 생산지로 부상하고 있다.

주요한 재배 품종	부르봉, 문도노보, 카투아이, 마라고지페, 오바탄
수확 시기	5~9월
연간 생산량	3.3만t

위: 산타주시 농원의 옐로 카투아이. 원두의 크기가 눈길을 끈다.
아래: 브라질 대규모 농원의 모습

남미 지역

주요 원두

농원의 나무 위에서 완숙되는 슈퍼 보이아(Super Boia)

바짐 그란데(Virgin Grande) 농원은 이탈리아 출신의 가족이 운영하고 있다. 이 농원에서 생산하는 슈퍼 보이아는 커피콩의 열매가 완전히 검정이 될 때까지 가지 위에서 완숙되는 특별한 커피콩이다. 또한, 크기가 큰 원두만을 선별하고 있으며, 이렇게 나무 위에서 완숙된 커피콩은 깊은 단맛을 자랑한다.

단맛 / 바디 / 뒷맛 / 희소성 / 향기

[원두 데이터]

문도노보 내추럴 15 이상 해발 1,100~1,250m 하이로스팅 초콜릿, 너트, 벨리

농원의 오바타(Obata)

노바유니언(Nova union)은 2017년 상파울루주 커핑 테스트에서 우승했다. 오바타는 브라질어로 'VERT GOOD'의 뜻을 가진 신품종이다. 단맛을 내뿜는 동시에 시트러스(citrus) 향미를 느낄 수 있는 바디가 강한 커피콩이다.

단맛 / 바디 / 뒷맛 / 희소성 / 향기

[원두 데이터]

오바타 펄프드 내추럴 15 이상 해발 800~900m 하이 로스팅 캐러멜, 건과류, 과일, 너트

257

생산국 혹은 지역 명
※ 국가명 및 지역명은 약칭인 경우가 있습니다.

생산국 혹은 지역 특징

주목받고 있는 원두 소개
※ 각 품목은 '아타카 통상'에서 거래되고 있는 품명을 바탕으로 하고 있습니다.

[생산지의 세계 분포]

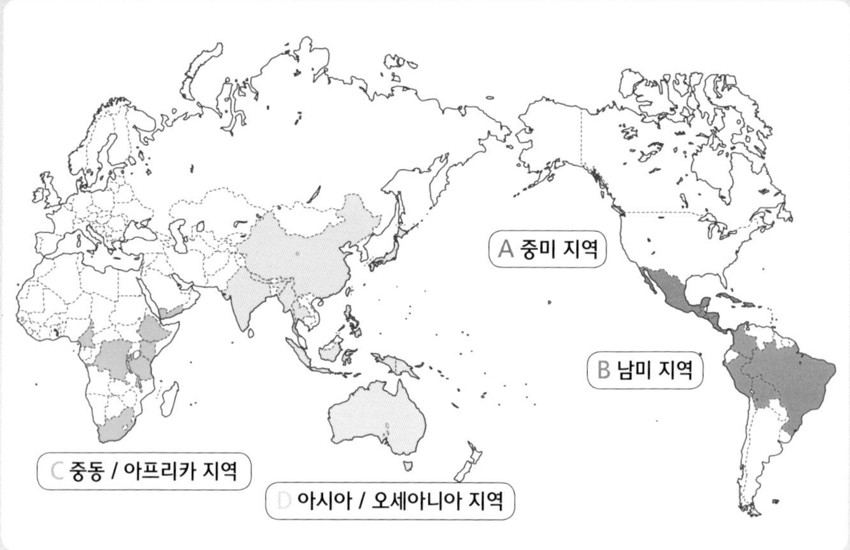

A 원두의 개성이 빛나는 중미 지역

특수한 기후로 같은 국내에서도 장소나 농가에 따라 다른 맛의 원두가 탄생하는 중미 지역. 최근 파나마산의 게이샤종이 고가의 가격으로 책정되는 등 스페셜티 커피 업계에서 인기가 높다.

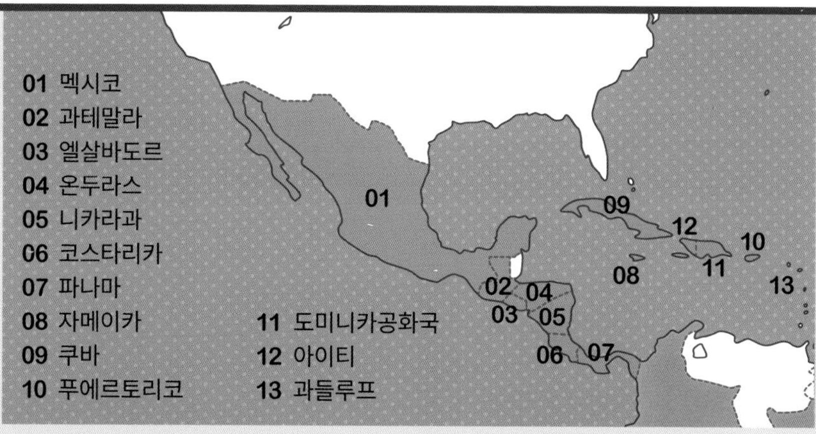

01 멕시코
United Mexican States

인증 커피의 산지로도 주목

1817년부터 본격적으로 커피 재배를 시작했다. 한때 최대의 수출 농산물이었지만 1990년대 세계적인 커피 위기로 생산량이 감소하였고, 이를 계기로 유기농 커피와 공정 무역 커피 등에 힘을 들여 현재는 세계 유수의 인증 커피 생산국으로 인정받고 있다.

주요 원두

플루마 히달고 피베리 (Pluma Hidalgo Peaberry)

멕시코 남부 시에라 마드레 델 수르(Sierra Madre del Sur)의 고지에 위치한 작은 농가 플루마 히달고. 굵은 알투라 규격의 원두이지만, 피베리이기 때문에 스크린 사이즈는 작다. 약볶음이 적합하며 달콤한 맛이 특징이다.

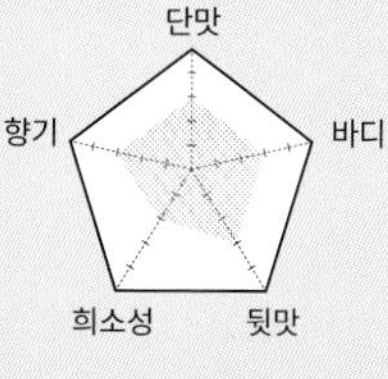

[원두 데이터]

품종 티피카 정제 수세식 스크린 12~13 기타 해발 950~1,600m
볶음도 약볶음 향미 견과류, 허브, 초콜릿

02 과테말라

REPUBLIC OF GUATEMALA

ANACAFE가 품질을 철저히 관리

1750년대에 예수회 수도사가 커피 묘목을 가져온 것이 재배의 시작이다. 2만 5,000가구의 생산자가 있고 '과테말라 전국커피협회(ANACAFE)'가 품질 향상의 운동과 홍보를 실시하고 있다. 커피는 8개의 지역에서 재배되며, 미기후라는 토지 특유의 환경 요인의 영향으로 다채로운 맛의 원두가 재배된다.

주요 재배 품종	버번 카투라 티피카, 마라고지페
수확 시기	12~3월
연간 생산량	21만t

위: 보온성이 높다고 알려진 벽돌에서 햇빛 건조를 하는 라 쿠풀라 농장(La Cupula).
아래: 과테말라는 지역마다 기후가 매우 다른 것이 특징이다.

주요 원두

라 쿠풀라 농장 버번

안티구아의 대농장주 돌턴 가족이 경영하는 농장으로 판초이(Panchoy) 계곡의 해발 1,650~2,100m 고지에 위치해 안정된 품질의 버번 품종을 생산한다. 단맛도 있으며, 밸런스가 좋은 맛이 특징이다.

[원두 데이터]

품종 버번 정제 수세식 스크린 19 이상 기타 1,650~2,100m/100% 벽돌 위에 말리기 볶음도 중볶음 향미 레몬, 베리

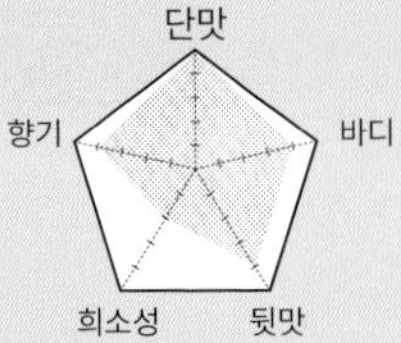

아구할 농원의 파카마라

과테말라의 주요 산지 중 한 곳인 누에보 오리엔테 지역에 위치하며, 흐리거나 비가 많이 내리는 기후이며 미네랄이 풍부한 땅이 좋은 품질의 원두를 생산한다. 스크린 사이즈가 19 이상의 굵은 원두의 파카마라 품종이다.

[원두 데이터]

품종 파카마라 정제 수세식 스크린 19 이상 기타 1,200m/100% 응달 볶음도 중볶음 향미 캐러멜, 포도

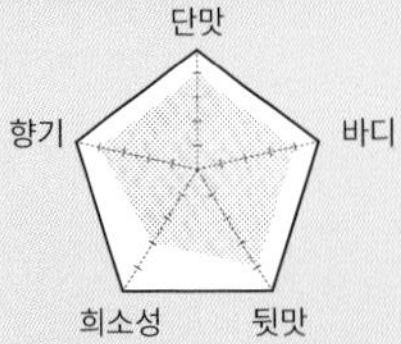

03 엘살바도르

REPUBLIC OF EL SALVADOR

아라비카 품종만을 생산
적극적인 품종 개량도

고지의 열대 기후인 화산 지대로 커피 재배에 적합한 환경이다. 커피가 도입된 것은 1740년으로 버번, 티피카 등 몇 개의 품종이 재배되고 있지만, 주 품종은 같은 나라에서 개발한 굵은 원두의 파카마라 품종. 해발고도의 차이로 SHG(Strictly High Grown), HG(High Grown), CS(Central Standard)으로 등급이 분류된다.

위: 시베리아 농장에서 정제 과정의 모습. 자연 건조가 진행되는 중에 한 번 새까맣게 된다.
아래: 수확을 마친 버번 품종의 커피 체리.

주요한 재배 품종	버번 파카마라
수확 시기	1~5월
연간 생산량	3만 7,380t

주요 원두

시베리아 농장의 버번

1870년에 지어진 시베리아 농장은 자마테페크 화산 동쪽 경사면에 위치하며, 해발 1,450m의 차가운 기후에서 굵은 원두의 버번 품종을 생산한다. 최근 중앙 아메리카에 만연한 녹병균으로 생산량이 급감했지만, 현재 조금씩 회복 중에 있다.

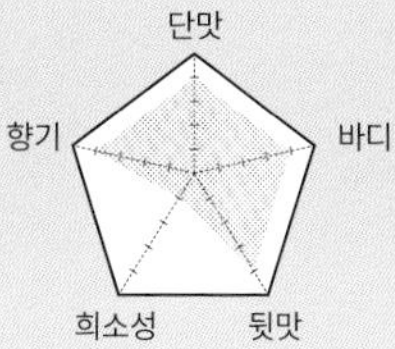

[원두 데이터]

품종 버번 **정제** 수세식 **스크린** 16 이상 **기타** 해발 1,450m 노송나무에 의한 녹음수 **볶음도** 중볶음 **향미** 감귤, 오렌지

온천 파카마라의 산타테레사

이곳 또한 녹병균 피해에서 회복 중인 농장이다. 귀중한 천연 온천수로 정제하고 있다. 온천에 포함된 브롬화칼륨이 커피 성분에 단맛을 더해준다. 그뿐만 아니라 100 % 천일 건조 등 많은 수작업을 거쳐 만들어진 원두이다.

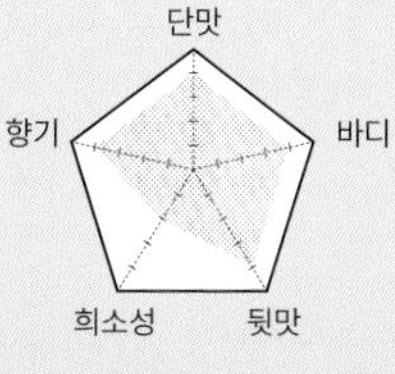

[원두 데이터]

품종 파카마라 **정제** 수세식 **스크린** 13~14 **기타** 해발 900~1,350m
볶음도 중볶음 **향미** 초콜릿, 너츠, 캐러멜

04 온두라스

REPUBLIC OF HONDURAS

기온 차이가 큰 고원에서 고품질 커피콩 생산

해발 1,000m 이상의 고원이 토지의 많은 부분을 차지하는 온두라스는 열대 기후면서 밤낮으로 기온 차이가 크기 때문에 커피 재배에 적합하다. 고도가 높을수록 고품질 콩으로 평가되며, 최고의 품질은1,500~2,000m 이상의 고지에서 재배된 SHG(Strictly High Grown)이다.

주요한 재배 품종	카투라, 티피카, 버번, 파카스
수확 시기	10~4월
연간 생산량	35만 6,040t

위: 개인 농장 주인이 많은 온두라스. 커피콩에 자신의 이름을 붙이는 것이 트렌드가 되고 있다.
아래: 수세식으로 정제하고 있는 모습.

중미 지역

주요 원두

에드가 마르케스

오코테페케(Ocotepeque)주 베렌구아루쵸 마을의 농장에는 아름다운 폭포가 있다. 아름다운 땅에서 재배되는 원두는 감귤류의 달콤한 맛으로 입에서 과일 향기가 매력적이다.

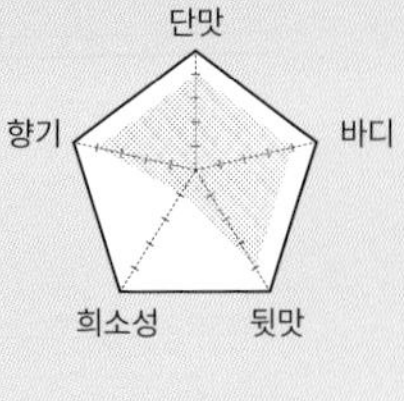

[원두 데이터]

품종 티피카 정제 수세식 스크린 15 이상 기타 해발 1,665m / 녹음수
볶음도 중볶음 향미 체리, 캐러멜

헥토르 마타

해발 1,521m의 코판주 베렌구아루쵸에서 3세대째 이어져 오고 있는 스루타나 농장에서 생산된다. 코판주의 커피는 대체적으로 초콜릿 맛이 많으며, 조화로운 바디과 끝에 여운이 있는 뒷맛이 특징이다.

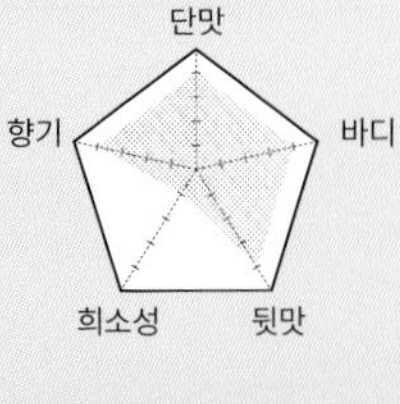

[원두 데이터]

품종 파카스 정제 수세식 스크린 15 이상 기타 해발 1,521m / 녹음수
볶음도 중볶음 향미 초콜릿, 너츠

05 니카라과

REPUBLIC OF NICARAGUA

COE가 개최되어 커피에 대한 의식 향상

중미 최대의 면적을 자랑하며 커피는 주로 서부의 산악 지대에서 재배되고 있다. 2002년 컵 오브 엑셀런스 (Cup of Excellence, COE)가 개최되는 등 커피 생산에 대한 인식이 높다. 과테말라나 온두라스처럼 고도에 따라 등급이 분류된다. 최근 희귀품종인 자바니카(Javanica) 품종이 인기이다.

주요한 재배 품종	티피카, 버번, 카투, 마라고지페
수확 시기	11~3월
연간 생산량	12만 6,000t

위: 엘 보스케 농장에서 재배되고 있는 옐로 버번. 아래: 파블로 벨라스케스 농장.

주요 원두

엘 보스케 농장 버번 100%

니카라과 북중부 히노테가(Jinotega)주의 귀중한 동식물 보물창고로 주목받는 농장 엘 보스케. 감귤류와 바나나, 카카오 등과 함께 재배되는 커피 원두에서는 향기로운 아로마가 느껴진다.

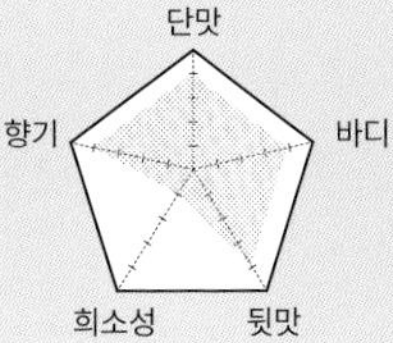

[원두 데이터]

품종 버번 **정제** 수세식 **스크린** 15 이상 **기타** 해발1,050~1,650m
볶음도 중볶음 **향미** 크림, 오렌지

파블로 벨라스케스 농장의 카투라

미국 농무부 공인 단체 '바이오 라티나'에서 지정하는 유기농 인증 기준을 충족한 커피콩이다. 견과류, 초콜릿, 캐러멜을 생각하게 하는 아로마. 단맛과 부드러운 신맛, 매끈한 바디.

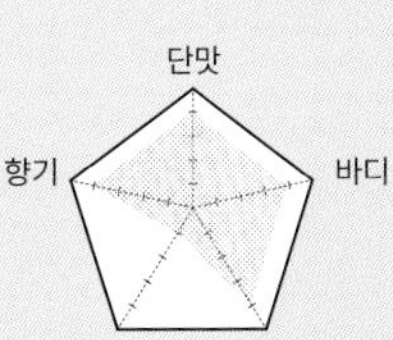

[원두 데이터]

품종 카투라 **정제** 수세식 **스크린** 16 이상 **기타** 해발 1,100~1,300m / 바이오 라티나 유기인증 **볶음도** 중볶음 **향미** 초콜릿, 캐러멜, 살구

06 코스타리카

REPUBLIC OF COSTA RICA

소규모 농장의 생산량 확대가 과제

18세기 쿠바를 통해 커피 원두가 전해졌다. 생산 품종은 전부 아라비카 품종으로 재배 면적이 5ha 미만인 소규모 농장이 대부분이다. 독자적인 품종 '코스타리카 95'를 개발하는 등 생산 증가에도 힘쓰고 있지만, 비싼 생산비용과 인센티브 결여 등으로 재배 면적이 확대되고 있지 않다.

주요한 재배 품종	카투라, 카투아이
수확 시기	10~3월
연간 생산량	89,160t

위: 코스타리카에는 크고 작은 농장들이 다양하다.
아래: 열매가 큰 카투라 품종.

주요 원두

주비아 데 오로(골든 체인)

1918년 자메이카에서 코스타리카로 이주한 영국인이 만든 전통 농장으로 1971년에 3명의 청년들이 매입하여 현재 그중 1명이 소유자이다. 수세식으로 맛의 조화가 훌륭한 원두를 생산했다.

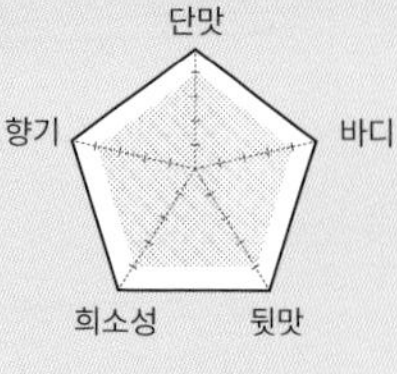

[원두 데이터]

품종 수단 루메(Rume Sudan),사치모르(Sarchimor) **정제** 수세식 **스크린** 16 이상 **기타** 해발 1,250m/응달 재배 **볶음도** 중볶음 **향미** 사탕 수수, 감귤류

로자리아 농장의 피베리

농장 면적이 2ha의 작은 농장으로 연간 생산량은 120 포대 소량 생산이기 때문에 그만큼 퀄리티가 높다. 섬세하고 마일드한 맛과 부드럽고 깊은 향, 적당한 단맛과 쓴맛의 조화가 절묘하다.

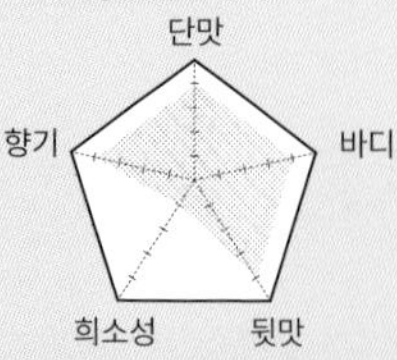

[원두 데이터]

품종 카투라 **정제** 수세식 **스크린** 16 이상 **기타** 해발 1,400~1,550m/녹음수 **볶음도** 중볶음 **향미** 맥아, 클로브, 재스민

07 파나마

REPUBLIC OF PANAMA

환상의 게이샤 품종으로 사상 최고치를 기록

2004년에 라 에스메랄다 농장의 게이샤 품종으로 국제 경매에서 사상 최고치를 달성하여 단번에 유명해진 파나마 커피. 이것이 계기가 되어 이후 파나마에서는 게이샤 품종의 재배에 힘을 쏫고 있다. 그 외에도 전통적인 아라비카 품종도 많이 생산된다.

주요한 재배 품종	티피카, 카투라, 게이샤, 버번, 파카마라, 마라고지페
수확 시기	10~4월
연간 생산량	6,900t

위: 커피 체리를 수확하고 있는 파나마 원주민.
아래: 파나마 천일건조 모습.

주요 원두

베르리나 농장의 베이비 게이샤 내추럴

보케테 계곡의 명문 농장이 특별한 방식으로 생산하는 게이샤 품종. 3~5년의 어린나무에서 채취한 커피콩만을 수확하고 있다. 싱싱함이 느껴지는 커피콩은 당분이 적은 레몬 티를 연상시키는 감귤류의 신맛과 단맛이 있다.

[원두 데이터]

품종 게이샤 정제 내추럴 스크린 16 이상 기타 해발 1,300~1,650m
볶음도 약볶음 향미 재스민, 레몬, 시트러스, 꿀

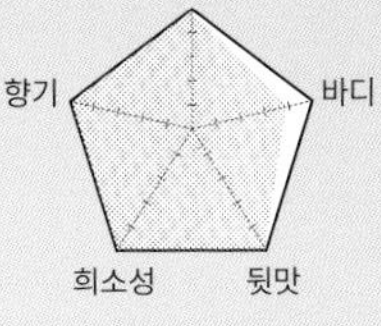

돈 벤지에의 티피카

보케테에 있는 바호모노은 화산재가 비옥한 토양에서 용수, 안개 등이 자주 발생하기 때문에 커피 재배에 최적인 환경. 단맛, 바디, 뒷맛도 전부 뛰어나 균형이 잘 잡힌 원두로 완성된다.

[원두 데이터]

품종 티피카 정제 수세식 스크린 16 이상 기타 해발 1,400~1,500m
볶음도 중볶음 향미 초콜릿, 넛츠, 시트러스

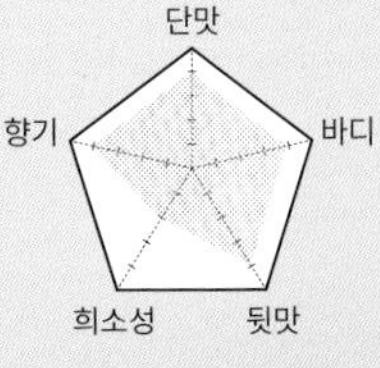

08 자메이카
JAMAICA

법률로 규격이 정해진 고급 품종 블루마운틴

자메이카 커피는 '블루마운틴'으로 유명하다. 블루마운틴산맥의 해발 800~1,200m의 고지에서 재배된 커피는 완전히 익은 붉은 열매만을 수작업으로 수확한다. 또한, 법률로 정한 규격에 따른 엄격한 검사를 거쳐 출하된다. 다른 커피콩처럼 마대가 아니라 통으로 포장한 것도 특징이다.

주요한 재배 품종	티피카
수확 시기	10~4월
연간 생산량	1,000t

위: 블루마운틴은 맑은 날 낮에도 안개가 발생. 온도 차가 클수록 좋은 커피콩이 만들어진다. 아래: 블루마운틴 전용 통.

주요 원두

블루마운틴 No.1 클라이즈데일 15kg 통

블루마운틴 중에서도 최상급의 '블루마운틴 No.1' 클라이즈데일 지역은 1800년에 영국인이 연 클라이즈데일 농장을 중심으로 일대 산지를 개발했다. 알갱이가 크고 향기로운 양질의 커피콩이 생산된다.

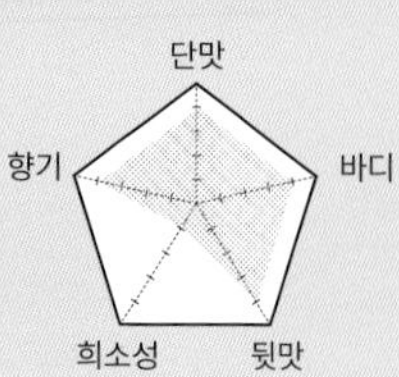

[원두 데이터]

품종 티피카 정제 수세식 스크린 17~18 기타 해발 1,000~1,250m
볶음도 중볶음 향미 시트러스, 밀크 초콜릿, 넛츠

바론홀(Baronhall) 농장의 하이마운틴/슈프림

1942년에 설립된 자메이카 최대의 단일 농장으로 블루마운틴 지역에서 약 90km 떨어진 장소에 있다. 해발 500~600m. 스크린 17~18의 굵은 사이즈의 티피카 품종을 생산한다.

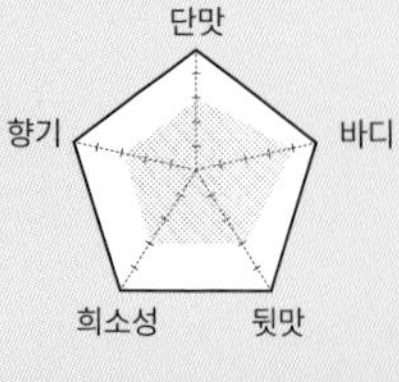

[원두 데이터]

품종 티피카 정제 세미 워시드 스크린 17~18 기타 해발 500~600m
볶음도 중볶음 향미 넛츠, 캐러멜, 허브, 초콜릿

09 쿠바

REPUBLIC OF CUBA

천재지변에 좌우되면서도 고품질 커피콩을 생산

프랑스 식민지 반란 시기에 아이티에서 전해진 쿠바 커피. 주요 품종은 버번, 티피카, 카투라, 카투아이이며, 절반 이상이 국내에서 소비되고 나머지는 수출되고 있다. 커피 재배에 적합한 환경이지만, 허리케인의 영향 등을 받기 쉬워 안정적인 공급이 어렵다.

주요 원두

시에라 마에스트라(Sierra Maestra)

쿠바 최대의 산맥, 시에라 마에스트라. 쿠바 남동부의 커피 농장 발상지로 그 경관은 세계 유산으로 인정되어 있다. 블루마운틴의 향미를 닮은 달콤한 향기와 함께 쓴맛이 적고, 마일드한 부드러운 맛이 특징이다.

[원두 데이터]

품종 카투라, 카투아이, 버번, 티피카

정제 수세식 스크린 불분명

볶음도 중볶음

향미 초콜릿, 넛츠, 캐러멜

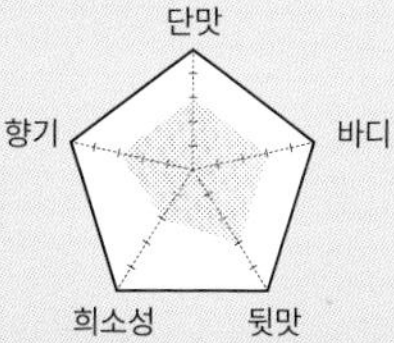

10 푸에르토리코

PUERTO RICO

중미에서 아직까지 희귀한 커피콩 산지

미국의 자치구 푸에르토리코. 18세기부터 시작된 커피 생산은 19세기 후반에 세계 6위를 차지하는 전성기를 맞이했으며, 이후 생산량과 유통량이 모두 감소하였다. 1999년 발생된 허리케인에 의해 큰 타격을 입었지만, 현재는 현지 소비량이 생산량보다 웃돌고 있는 상태로서 아직도 희귀한 커피콩이다.

주요 원두

폰스 농장

1936년 창업한 역사 있는 농장으로 푸에르토리코가 2015년에 디폴트 위기를 맞이했을 때도 수출을 계속했다. 연한 신맛와 마일드한 단맛과 쓴맛 안에 확고한 바디가 특징이다.

[원두 데이터]

품종 버번, 파카스, 카투아이, 카투라 정제 세미 워시드

스크린 17 이상

기타 해발 640m/응달재배

볶음도 중볶음

향미 설탕, 퍼브, 녹차, 스파이스

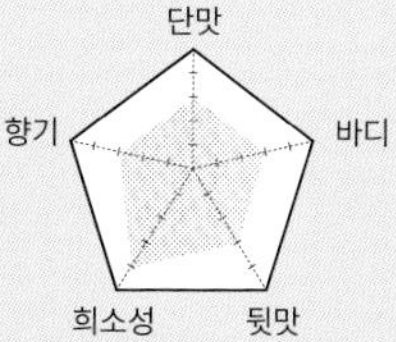

11 도미니카 공화국

DOMINICAN REPUBLIC

생산량 감소로 인해 희소성이 높아지다.

피코 두아르테(Pico Duarte)를 비롯하여 고도 2,000m 이상의 산들이 늘어선 섬나라이다. 2번째로 비율이 큰 농산물인 커피콩이지만 국내 생산량은 감소 추세이고, 주로 국내 에서 소비되고 있다. 수출도 많지 않기 때문에 마실 수 있는 기회도 적다. 주로 아라비카 품종을 재배하고 있으며 티피카, 카투라가 주 품종이다.

위: 수확된 티피카를 펄핑하는 모습.
아래: 다른 중미 국가들과 동일하게 도미니카도 소규모 농가가 많다.

주요한 재배 품종	티피카, 카투라
수확 시기	10~4월
연간 생산량	2만 4,000t

주요 원두

노바스 패밀리의 티피카

3대에 걸쳐 네이바 지역에서 커피 재배를 계속 이어온 노바스 농장의 티피카 품종. 쓴맛과 신맛의 조화도 좋고, 뒷맛에 달콤한 여운이 남는다.

[원두 데이터]

품종 티피카 정제 수세식 스크린 6 이상 기타 해발 1,300m
볶음도 약볶음 향미 시트러스, 오렌지, 헤이즐 넛츠

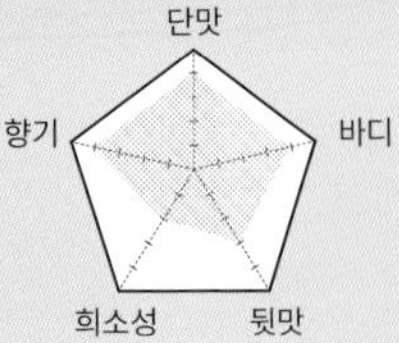

누에보 문도 농장 카투라 와이니

누에보 문도 농원은 태풍의 영향을 받지 않는 내륙의 1,400~1,500m의 고지에 있다. 1935년 브라질에서 발견된 카투라를 내추럴로 완성하였다. 부드럽고 단맛과 쓴맛이 복잡하게 섞여 있는 개성적인 맛이 특징이다..

[원두 데이터]

품종 카투라 정제 내추럴식 스크린 15 이상 기타 해발 1,400~1,500m/녹음수
볶음도 강볶음 향미 레드와인, 블루베리, 밀크 초콜릿

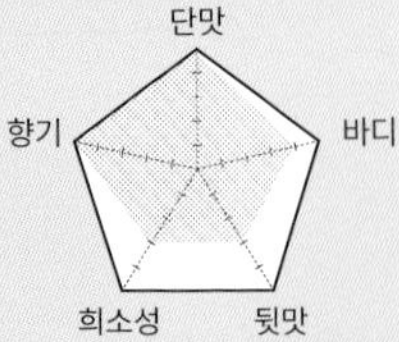

12 아이티
REPUBLIC OF HAITI

정치적 혼란이 커피 산업에 영향

1791~1804년의 혁명으로 세계 최초의 흑인 공화국이 된 아이티는 혁명 이후 국내의 정치적 혼란이 이어지고, 또한 재해의 영향으로 한때 번성했던 커피 산업도 쇠퇴했다. 현재 서양 단체의 지원을 받아 회복 중에 있다.

주요 원두

COOPACVOD 유기농 블루

100% 유기농 방법과 녹음수를 이용한 재배 방법으로 키운 유기농 티피카 품종. 그 원두의 잠재력은 높고, 자메이카의 블루마운틴에 뒤지지 않는 품질이다.

[원두 데이터]

품종 블루마운틴 정제 수세식
기타 해발 1,200m
볶음도 약볶음
향미 너츠, 아몬드, 버터.

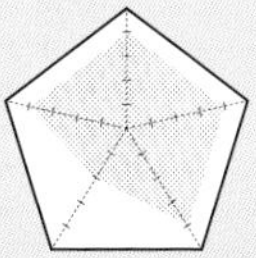

13 과들루프
GUADELOUPE

적은 양이지만 고품질 커피콩을 생산

1721년 블루마운틴의 뿌리를 이은 티피카가 전파되고, 이후 그 품종이 이어지고 있다. 한때 프랑스 내륙에 6,000t을 출하했지만, 타국과의 경쟁, 녹병균과 허리케인 등의 재해로 인해 차례차례로 피해를 입어 생산량이 격감했다.

주요 원두

바니베르 농장의 과들루프 보니휘르(Guadeloupe Bonifieur)

과들루프섬의 품종 과들루프 보니휘르는 블루마운틴과 같은 종류의 뿌리를 이은 티피카 품종. 1721년에 반입된 티피카 품종을 자영 농가에서 부지런히 재배하고 있다. 견과류 같은 향기와 부드러운 신맛이 특징이다.

[원두 데이터]

품종 과들루프 보니휘르(티피카) 정제 수세식 스크린 16 이상
기타 해발 400~500m
볶음도 약볶음
향미 넛츠, 토스트, 비스킷

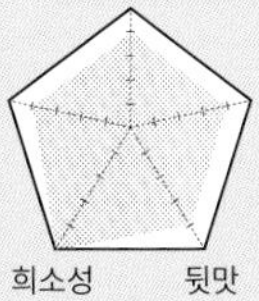

B 세계 커피의 거대한 산지 남미지역

생산량 · 수출량 모두 세계 1위이며, 커머디티 커피에서 스페셜티 커피까지 다양한 커피를 마셔 볼 수 있는 커피 원두의 거대 산지이다. 그중에서도 특히 브라질, 콜롬비아가 대표 국가이다.

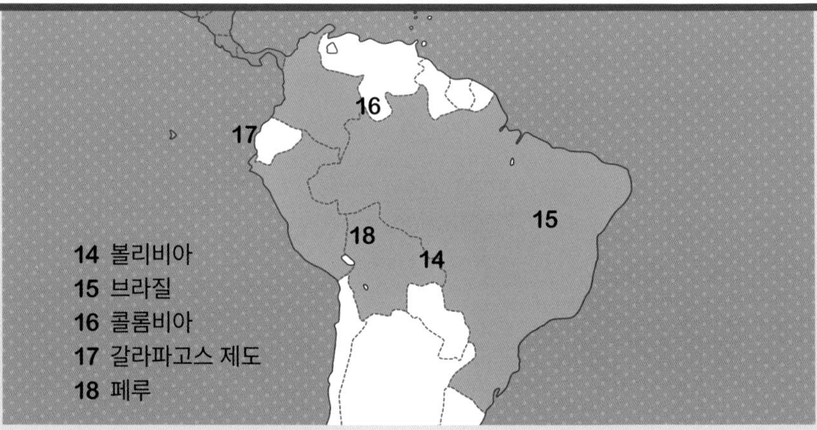

14 볼리비아
PLURINATIONAL STATE OF BOLIVIA

고품질 원두의 생산지이지만 생산량은 감소 추세

국토의 대부분을 차지하고 있는 안데스산맥, 해발 3,000m 이상의 고지가 약 29%에 이르는 지형이 특징이다. 커피 재배가 왕성한 곳은 북동 지역의 융가스 지방으로 고지환경을 살린 고급 커피콩으로 주목을 모으고 있으나 주력 산업이 코카 재배로 바뀌고 있으며, 생산량은 감소 추세이다.

주요 원두

코파카바나 농장의 피베리

콘도리리 언덕에 있는 코파카바나 농장에서 생산된 피베리는 결함 원두는 거의 없는 고품질의 커피콩이다. 티티카카 호수가 위치해 있기에 적절한 실내 온도와 온화한 기온에 따라 신맛와 바디, 달콤한 향기가 어울어진 커피가 완성된다.

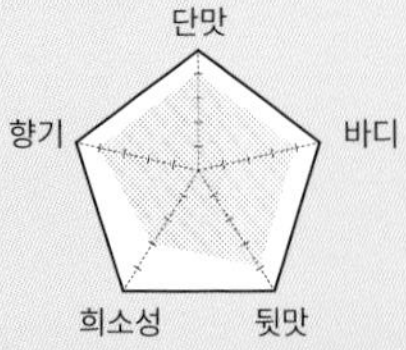

[원두 데이터]

품종 티피카 **정제** 수세식 **스크린** 13~14 이상 **기타** 해발 1,350~1,550m/그늘재배/바이오 라티나 유기인증 **볶음도** 중볶음 **향미** 초콜릿, 코코아, 아몬드

15 브라질

FEDERATIVE REPUBLIC OF BRAZIL

대규모 공장을 중심으로 세계 1위의 생산량을 자랑하는 브라질

브라질은 1727년에 커피 재배를 시작하여 19세기 중반, 세계 최대의 커피콩 생산국이 되었다. 커피콩의 과반수 이상이 20~200ha의 중, 대규모 농원에서 생산된다. '파젠다'라고 불리는 대농원에서는 대부분 기계를 사용하여 커피콩을 수확하고 있다. 최근에는 미나스제라이스가 최대 생산지로 부상하고 있다.

위: 산타주시 농원의 옐로 카투아이. 열매의 크기가 눈길을 끈다.
아래: 브라질 대규모 농원의 모습

주요한 재배 품종	부르봉, 문도노보, 카투아이, 마라고지페, 오바탄
수확 시기	5~9월
연간 생산량	3.3만t

주요 원두

농원의 나무 위에서 완숙되는 슈퍼 보이아(Super Boia)

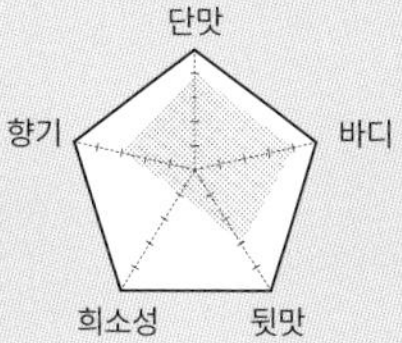

버진 그란데(Virgin Grande) 농원은 이탈리아 출신의 가족이 운영하고 있다. 이 농원에서 생산하는 슈퍼 보이아는 커피콩의 열매가 완전히 검정이 될 때까지 가지 위에서 완숙되는 특별한 커피콩이다. 또한, 크기가 큰 원두만을 선별하고 있으며, 이렇게 나무 위에서 완숙된 커피콩은 깊은 단맛을 자랑한다.

[원두 데이터]

품종 문도노보 정제 내추럴 스크린 15 이상 기타 해발 1,100~1,250m 볶음도 중볶음 향미 초콜릿, 너트, 벨리

농원의 오바타(Obata)

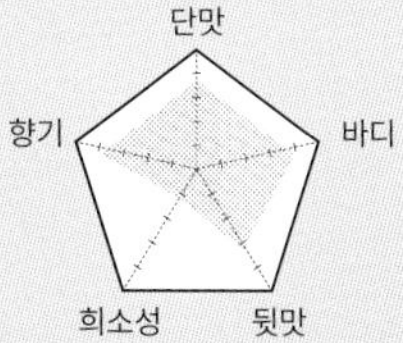

노바유니언(Nova union)은 2017년 상파울루주 커핑 테스트에서 우승했다. 오바타는 브라질어로 'VERT GOOD'의 뜻을 가진 신품종이다. 단맛을 내뿜는 동시에 시트러스(citrus) 향미를 느낄 수 있는 바디가 강한 커피콩이다.

[원두 데이터]

품종 오바타 정제 펄프드 내추럴 스크린 15 이상 기타 해발 800~900m 볶음도 중볶음 향미 캐러멜, 건과류, 과일, 너트

16 콜롬비아

REPUBLIC OF COLOMBIA

고품질 커피콩으로 생산량 세계 3위를 자랑

콜롬비아는 1730년대부터 커피나무를 심어, 커피콩을 재배하기 시작했다. 1927년에는 '콜롬비아 커피생산연합회(FCD)'가 설립되어, 생산에서부터 유통에 이르기까지 전 과정에 걸친 품질 관리를 통해 커피콩의 품질 상승에 주력하고 있다. 생산된 커피콩은 100% 아라비아종이며, 2016년에는 생산량 세계 3위에 올랐다.

주요한 재배 품종	부르봉, 티피카, 카투라, 마라고지페
재배 시기	메인 : 10~2월 서브 : 4~6월
연간 생산량	87만t

위: 브라질과는 대조적으로 산악 지대에 소규모 농장이 많다.
아래: 기계가 아닌 손으로 수확한다.

주요 원두

트로피컬 스위트 보난자 내추럴(Tropical Sweet Bonanza Natural)

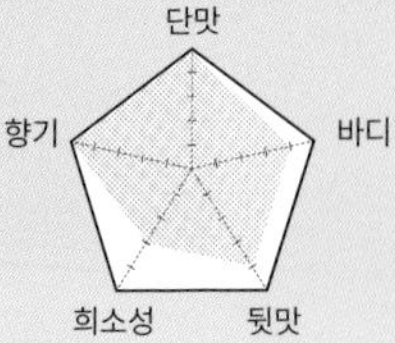

가족 4명이 운영하는 12ha 규모의 작은 커피 전문 농원에서 생산되는 트로피컬 스위트 보난자 내추럴은 2014년부터 도입된 자연 정제 방법을 통해 완숙된다. 이곳에서 만들어진 커피콩은 신선하고, 꽃향기를 지니고 있는 것이 특징이다. 특히 풍부한 열매 본연의 맛을 가지고 있기 때문에 과즙 100% 주스처럼 싱그럽게 느껴진다.

[원두 데이터]

품종 카투라 정제 내추럴 스크린 15 이상 기타 해발 1,700~1,750m 볶음도 강볶음 향미 다크 초콜릿, 과바, 타임

스위트 & 플라워

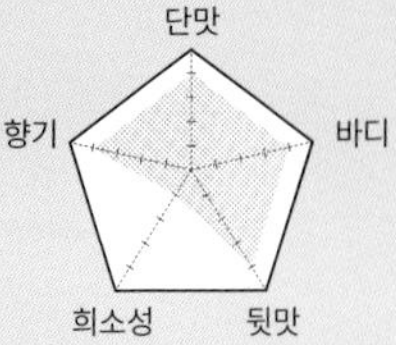

해발 1,750m~1,900m의 고지에 위치한 산구아스틴의 아소가드 조합이 생산한 커피콩이다. 옐로우 부르봉과 카투라의 품종을 배합하여, 결점두가 거의 없을 정도로 높은 품질을 자랑하며, 단맛과 바디가 좋다.

[원두 데이터]

품종 옐로우 부르봉, 카투라 정제 워시드 스크린 15 이상 기타 해발 1,750~1,900m
볶음도 중볶음 향미 캐러멜, 코코아, 체리, 애플

17 갈라파고스 제도

GALAPAGOS ISLANDS

독특한 환경 속에서 자란 굵은 커피콩

에콰도르령의 섬인 갈라파고스 제도는 1875년부터 커피콩을 재배하기 시작했다. 오래 전부터 재배돼 오던 블루봉 커피는 현재까지도 활발하게 재배되고 있다. 재배지는 해발 200~400m 정도로 고도의 위치가 높지는 않지만, 섬 고유의 특이한 기후가 해발 1,000m 이상에 가까운 특수한 환경을 유지해 준다. 스크린 18~19 정도의 굵은 커피콩이 재배된다.

주요 원두

산타클루스섬 앤틱 부르봉

현재 농원 주인이 19세기 후반, 오래된 농경지를 발견하여, 다시 재배하기 시작했다. 섬 고유의 기후로 인해 알이 굵은 커피콩을 생산할 수 있었다. 품질이 좋고, 포도 향을 지니고 있어 와인 같은 느낌을 준다. 깔끔한 신맛과 바디가 특징이다.

[원두 데이터]

품종 갈라파고스 부르봉
정제 워시드 **스크린** 18~19
기타 해발375m
볶음도 중볶음(중배전)
향미 허브, 오렌지, 초콜릿

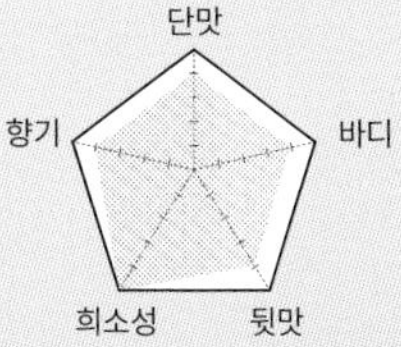

18 페루

REPUBLIC OF PERU

지속 가능한 커피에 주목

페루에 커피가 전래된 것은 1700년대로 스페인의 통치를 받고 있을 때이다. 당시 전파된 티피오카가 현재까지도 수출 재배 품종의 70% 이상을 차지하고 있다. 또한, 유기농 인증과 공정무역 인증을 받은 세계에서도 유수한 수출국이다.

주요 원두

카페 우추나리(Cafe uchunari)

안데스산맥을 따라 산기슭에 위치하고 있는 라울마마니 농원에서 방목하는 긴코너구리(coati)가 먹고 배설한 원두이다. 페루의 루악커피라고도 말할 수 있다. 부드러운 신맛과 높은 품질의 단맛을 띠고 있다

[원두 데이터]

품종 티피카, 부르봉, 카툴라
정제 쿠아티 프로세스
스크린 16 이상
기타 해발 1,578m/아프리칸 침대에서 천연 건조/세이드 트리/유기JAS 인증, RA 인증
볶음도 중볶음
향미 넛, 초콜릿

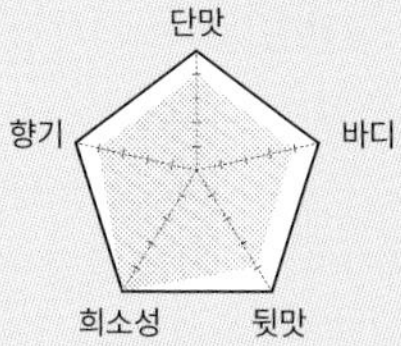

Middle East & Africa

C

양질의 콩 생산 증가가 기대되는

중동 · 아프리카 지역

커피의 발상지로서 '모카', '킬리만자로' 등의 브랜드가 유명하다. 경제적으로 발전하고 있는 나라가 많기 때문에 커피콩 생산지로서의 미래가 기대된다.

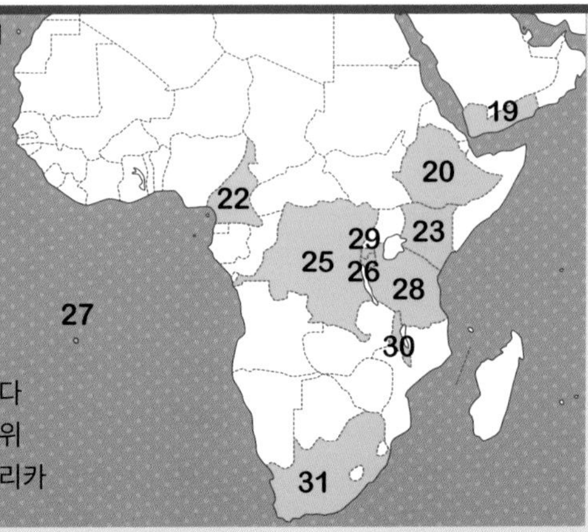

19 예멘
20 에티오피아
21 카나리아 제도
22 카메룬
23 케냐
24 카보베르데
25 콩고민주공화국
26 부룬디
27 세인트 헬레나 섬
28 탄자니아
29 르완다
30 말라위
31 아프리카

19 예멘

REPUBLIC OF YEMEN

향미가 높은 '모카 마타리'를 세계로 수출

커피콩 브랜드로 가장 유명한 '모카'는 사실 예멘의 국제항의 명칭이다. 바로 그곳에서 에티오피아산 등의 커피콩이 많이 출하되었기 때문에 그 호칭이 사용되었다. 그중에서도 고급 콩으로 유명한 '모카 마타리'는 예멘 북서부에 생산된다.

주요 원두

화이트 캐러멜 '모카 마타리' 알함다니

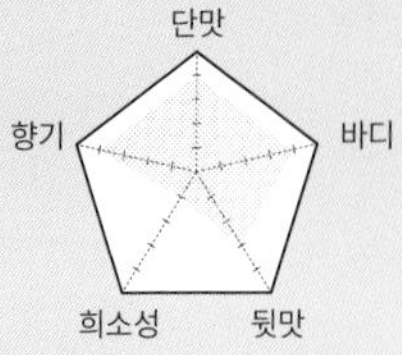

서부 산악지대 바니마타르에서 수확된 '모카 마타리'는 급경사에 있는 농지에서 재배되어 내추럴 정제 방식으로 완숙되며, 독특한 과실미가 있다. 모카 맛을 내기 때문에 특히 일본에서 인기가 많다.

[원두 데이터]

품종 다와이리, 투하이 우다이니 부라이 **정제** 내추럴 **스크린** 14 이상
기타 해발 1,000~2,500m **볶음도** 중볶음 **향미** 레드 와인, 애플, 캐릭터, 캐러멜, 너트

20 에티오피아

FEDERAL DEMOCRATIC REPUBLIC OF ETHIOPIA

전국적으로 재배가 활발한 인기의 모카 산지

아라비카종의 원산지인 에티오피아는 국토의 대부분이 고지이며, 토지 면적이 넓기 때문에 커피를 재배하기에 적합한 환경을 가지고 있다. '모카' 품종의 일종으로 시장에 유통되고 있지만, 재배지에 의해 '모카 시다모' 등의 호칭으로 유통되기도 한다. 최근에는 '이르가체페'도 인기를 모으고 있다.

주요한 재배 품종	에티오피아 재래종
수확 시기	11~2월
연간 생산량	39만 6,000t

위: 천연건조에 사용되는 아프리카 침대.
아래: 물이 부족하기 때문에 내추럴 정제 방식이 많이 사용된다.

주요 원두

이르가체페(Yirgacheffe) G-1 워시드 웨기다 블루(Washed Wegida Blue)

최근, 에티오피아 모카 중에서도 화려하고 진한 향미가 느껴지는 이르가체페에 G-1/워시드 웨기다 블루가 주목을 받고 있다. 워시드 정제 방식을 통해 완숙되기 때문에 한층 더 깊은 향미를 지닌다.

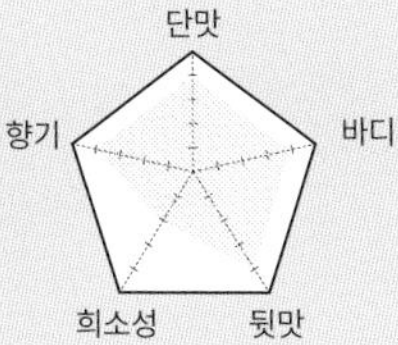

[원두 데이터]

품종 이르가체페 토종 **정제** 워시드 **스크린** 14 이상 **기타** 해발 1,900~2,000m
볶음도 중볶음 **향미** 캐러멜, 재스민, 시트러스 슈거

이르가체페 G-1 내추럴 MHA

해발 1,700~1,800m에서 재배된 이르가체페의 재래종이며, 아프리카 침대에서 20일에 걸쳐 천연 건조된 커피콩은 예멘의 내추럴과 중남미 내추럴의 중간적인 맛을 가진다.

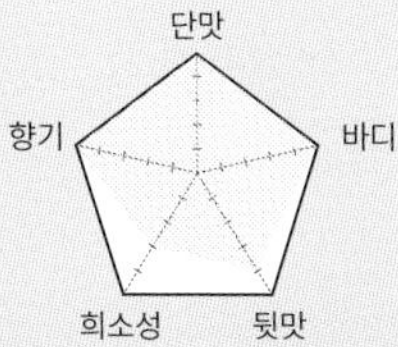

[원두 데이터]

품종 이르가체페 재래종 **정제** 내추럴 **스크린** 14 이상 **볶음도** 중강볶음
기타 해발 1,700~1,800m/아프리칸 침대에서 15~20일간 천연 건조
향미 와인, 드라이 프루츠, 초콜릿

21 카나리아 제도

CANARY ISLANDS

적은 양만 수출되는 커피 희귀 산지

스페인령의 카나리아 제도는 아프리카 대륙의 북서 앞바다에 떠오르는 7개의 섬으로 이루어진 군도이다. 소수의 농가가 다른 과일과 함께 커피콩을 소규모 재배므로 대부분 섬 내에서 소비되고 있으며, 그란 카나리아섬과 테네리페섬의 커피콩이 소량 수출되고 있다.

주요 원두

스페인령 카나리아 제도, 라 코르코바다 농원

커피와 함께 망고, 파파야, 오렌지, 포도 등을 재배하고 있는 진귀한 농원으로, 너트 같은 아로마, 트로피컬 프루츠와 같은 달짝지근한 향미를 가지고 있으며, 고품격의 순한 맛과 쓴맛의 조화가 주목되는 커피콩이다.

[원두 데이터]

품종 티피카
정제 펄프드 내추럴
스크린 14 이상
기타 커피와 함께 니만고, 파파야, 오렌지, 포도주를 재배하고 있는 희귀한 농원 권장 **볶음도** 중볶음
향미 카카오, 트로피컬 프루츠

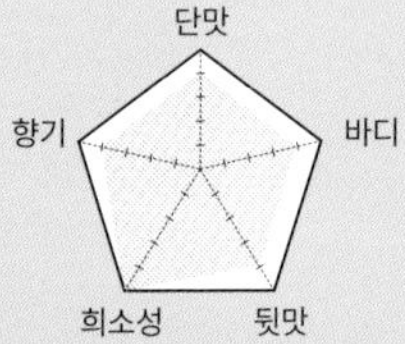

22 카메룬

REPUBLIC OF CAMEROON

회복 단계에 있는 커피 산업

카메론은 높은 지역에 위치하며 토지가 화산재로 이루어져 있다. 또한, 풍부한 수자원을 가지고 있어 커피콩을 재배하기에 아주 적합한 환경을 지니고 있다. 한때 230만 포대를 넘는 생산량을 자랑했지만 1990년대 이후 급감하였다. 카메론의 커피 산업은 붕괴되는 듯싶었지만, 그 후 2008년 정부가 커피 산업 재생 계획을 공표하는 등 무던한 노력 끝에, 현재는 회복 단계에 있다.

주요 원두

카푸라미 자바 롱베리

고지 재배에 적합하고, 병해에 강한 품종 중 하나인 자바를 정부가 권장하고 있으며, 100% 천연 건조로 완성되는 자바는 입가심이 부드럽고 가볍다. 깊은 향미와 감귤 향이 특징이다.

[원두 데이터]

품종 자바 **정제** 워시드
스크린 16 이상
기타 해발 1200~1800m
볶음도 중볶음
향미 스파이시, 초콜릿, 시트러스

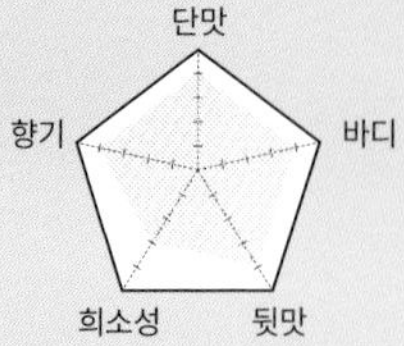

23 케냐

REPUBLIC OF KENYA

아프리카 제국 중에서도 높은 품질로 최근 인기

케냐는 뛰어난 커피 품질로 최근 유럽, 미국, 일본 등지에서 인기를 모으고 있다. 과일향의 신맛과 부드러우면서도 쓴맛이 나는 향미가 한층 더 커피의 풍부한 맛을 느낄 수 있게 해준다. 연 2회의 수확기 중에서도 특히 11월부터 이뤄지는 첫 수확에서 고품질의 커피콩이 수확된다. 케냐만의 독자적인 경매 기관이 설립되는 등 품질 향상에 대한 노력을 지속하고 있다.

주요한 재배 품종	SL28, SL34 • 루이루11, 프렌치 미션
수확 시기	메인: 11~2월, 서브: 6~8월
연간 생산량	4만 6,980t

위: 매주 화요일 경매가 진행되고, 정부 기관의 의해 등급이 매겨진다.
아래: 천연 건조의 모습

주요 원두

가차미(Gachami) 팩토리

키린야가 주의 파라과이 커피생산조합 산하 12개 공장에서 정제된 원두이다. 해발 1,600~1,800m의 고지에서 재배된 원두로, 스크린 사이즈는 17~18로 알이 굵으며, 100% 천연 건조된 커피콩이다.

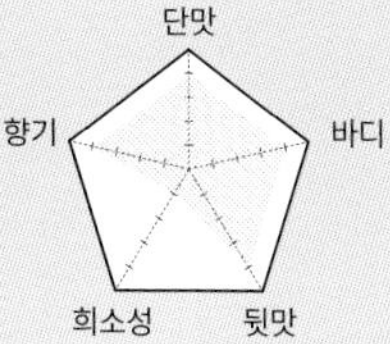

[원두 데이터]

품종 SL34, SL28 정제 워시드 스크린 17~18 기타 해발 1600m 볶음도 강볶음
향미 비타초콜릿, 시트러스, 베리

은다로이니(Ndaroini) 팩토리

니에리 지역의 은다로이니 공장은 해발 1,600m 고지에 위치하고 있다. 케냐 산기슭에 위치하고 있기 때문에 냉량한 기후와 적당한 강우량, 비옥한 토양과 풍부한 수원의 토지를 기반으로 커피콩을 재배한다. 스크린 사이즈는 17~18의 굵은 커피콩이다.

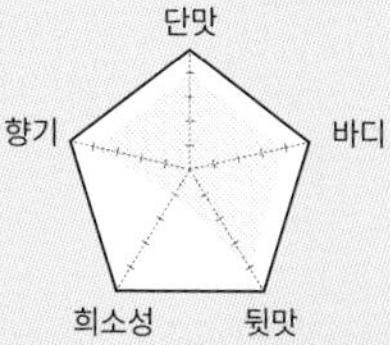

[원두 데이터]

품종 SL34, SL28 정제 워시드 스크린 17~18 기타 해발 1,600~1,800m
볶음도 강볶음 향미 캐러멜, 초콜릿, 스파이스

24 카보베르데

REPUBLIC OF CABO VERDE

유기농 재배의 고품격 원두

카보베르데는 서아프리카 대서양에 위치하고 있는 제도들로 구성되어 있는 공화제 국가이다. 커피 생산은 주로 포고섬에서 활발하게 이뤄지고 있다. 섬 전체가 활화산으로 이뤄져 있으며. 비옥한 토지를 가진 농장에서는 대부분의 생산자가 유기농으로 커피를 재배하고 있다. 해발 500~1,500m에 위치한 농장에서 커피 생산이 행해지고 있다.

주요 원두

포고섬, 마르티뇨(Martinho) 워싱 스테이션

정성스레 핸드픽(hand-pick)을 하므로 결점두가 거의 없다. 아로마는 베리나 시트러스, 과일 잼 같은 달콤한 여운이 있다. 바디이 돌고, 균형 잡힌 컵 퀄리티로 높은 평가를 받고 있다.

[원두 데이터]

품종 티피카 **정제** 워시드
스크린 15이상
기타 해발 500~1,500m
볶음도 중볶음
향미 후로랄, 트로피컬 프루츠

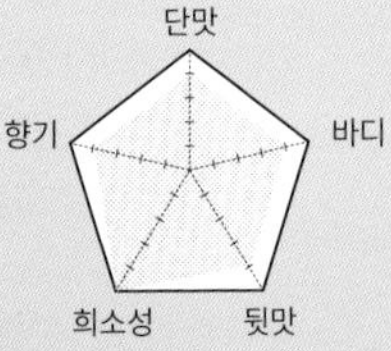

25 콩고민주공화국

DEMOCRATIC REPUBLIC OF THE CONGO

구미의 지원으로 생산량 증가

콩고는 서유럽에 필적할 만한 광대한 땅을 가지고 있다. 커피 재배는 주로 동부의 북키브주, 남키부주에서 이루어지고 있다. 최근 유럽과 미국의 지원을 받아 스페셜티 커피 생산이 추진되고 있으며, 이에 따라 아라비카종 생산량이 증가하고 있다.

주요 원두

카혼도(kahondo) 워싱 스테이션

이자레 지역에 사는 383명의 영세농가에서 채집한 체리가 윌룬가 커피 회사에서 최종적인 프로세스를 통해 정제된다. 해발 1,600~1,800m고지에서 재배되며, 재배된 콩은 전부 유기농이다.

[원두 데이터]

품종 부르봉 **정제** 워시드
스크린 15 이상
기타 해발 1,600~1,800m/유기농 **볶음도** 중볶음
향미 블랙베리, 초콜릿, 체리

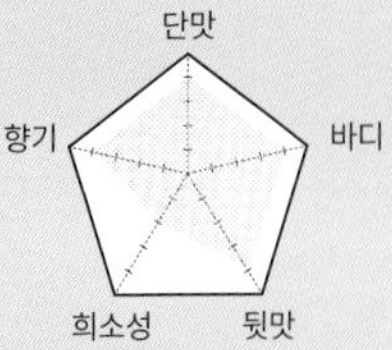

26  부룬디

REPUBLIC OF BURUNDI

경제 발전을 이끄는 커피 산업

아프리카에서도 경제 발전에 있어서 후진국에 속하는 부룬디는 2008년, 스페셜티 커피 시장에 합류하기 위한 계획을 수립했다. 부룬디의 경제 발전의 방향성을 커피 산업이 맡고 있다. 최근 견고한 단맛을 가진 부룬디산 커피 원두가 커피 시장에서 주목을 받고 있다. 국토의 대부분이 해발 1,500m 이상으로 열대에 속하지만, 비교적 시원한 기후는 커피 원두 재배에 적합한 환경을 갖추고 있다.

주요한 재배 품종	부르봉
수확 시기	3~7월
연간 생산량	1만 5,480t

위: 소규모 농원이 많은 부룬디
아래: 각 농가에서 수확한 커피 체리는 조합의 정제 공장에 모인다.

주요 원두

도호레라바리미이(Dohorerabarimyi)

르완다와의 국경을 따라 위치한 카얀자 지역의 도호레라바리미이 조합에 의해 정제되는 커피콩이다. 이 조합은 2012년에 NGO 단체의 지원에 의해서 새롭게 설립되었다. 품종은 블루봉 외에 잭슨을 혼합한다.

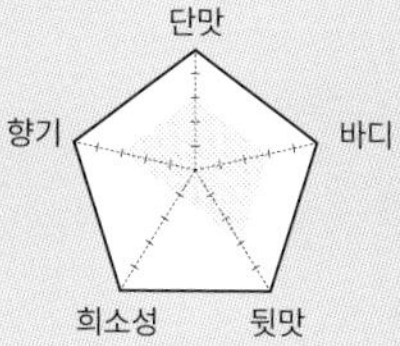

[원두 데이터]

품종 부르봉, 잭슨 **정제** 워시드 **스크린** 15 이상 **기타** 해발 1,850~1,950m **볶음도** 중볶음 **향미** 초콜릿, 시럽, 스파이시, 시트러스

프로카스타(Procasta) 워싱 스테이션

해발 1,700~1,900m의 고지인 은고지 지역 은캉다에 있는 프로카스타사의 농원으로 인근 커피 생산자 약 2,000가족 정도가 먹고 살 수 있는 커피콩이 정제되고 있다. 레몬향과 같은 신맛와 스파이시한 맛을 지닌다.

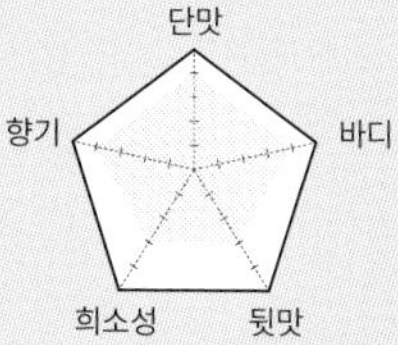

[원두 데이터]

품종 부르봉 **정제** 워시드 **스크린** 15 이상 **기타** 해발 1,700~1,900m **볶음도** 중볶음 **향미** 시나몬, 페퍼, 담배, 월넛, 초콜릿

27 세인트 헬레나 섬

St. HELENA

18세기부터 재배된 역사 깊은 섬

나폴레옹 1세가 유폐된 것으로 알려진 영국령 세인트헬레나 섬. 1657년부터 동인도 회사가 행정을 맡은 이래 현재까지 영국령으로 되어 있다. 이 회사의 기록에 따르면 1732년 예멘에서 커피콩이 반입되어 커피 재배가 시작되었다.

주요 원두

뱀부헤지(Bamboo Hedge) 농원

뱀부헤지 농원이 있는 샌디베이 지역의 해발은 400 m정도이지만, 섬 특유의 미묘한 기후 덕분에, 해발 1,000m 이상에 필적하는 환경을 자랑한다. 4개월에 걸쳐 천연 건조된 커피 체리는 수작업을 걸치기 때문에 결점두가 거의 보이지 않는다.

[원두 데이터]

품종 그린칩 부르봉 **정제** 워시드
스크린 15 이상 **기타** 해발 400m
볶음도 중볶음
향미 레몬, 오렌지, 허니

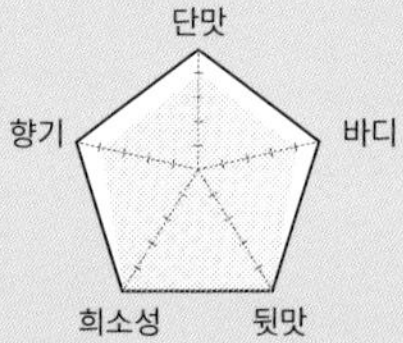

28 탄자니아

UNITED REPUBLIC OF TANZANIA

킬리만자로 브랜드의 산지

아프리카에서 가장 높은 산인 킬리만자로가 북동부에 위치해 있으며, 같은 브랜드 이름의 커피콩이 알려져 있다. 품종의 대부분은 아라비카종으로 정제되지 않은 커피콩은 매우 크고, 녹회색을 띤다. 다만 킬리만자로 브랜드로 불리는 것은 킬리만자로 지역에 한하지 않고, 탄자니아산 아라비카종 모두를 가르킨다(부코바 지역에서 생산된 커피콩은 제외한다).

주요 원두

루부마(Ruvuma) AAA 로맨틱 앙상블 2016

이전에는 카머더티 커피 산지였지만, 1990년대 후반에는 고기능의 정제공장이 만들어져, 양질의 워시드 출하가 가능해졌다. 해발 1,400~1,900m의 충적층 토양에서 자라며, 커피콩의 크기가 굵은 것이 특징이다.

[원두 데이터]

품종 부르봉 **정제** 워시드
스크린 18 이상
기타 해발 1,400~1,900m
볶음도 중볶음
향미 피치, 오렌지, 홍차

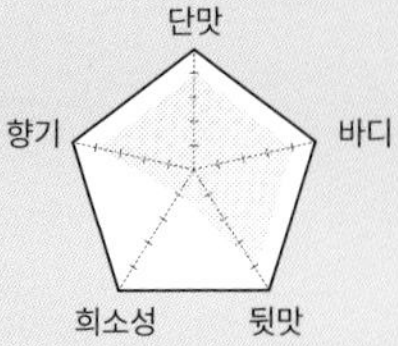

29 르완다

REPUBLIC OF RWANDA

기적적인 성장 속, 고품질 원두에 주목

탄자니아와 우간다와 근접해 있고, 국토는 대부분 해발 1,000~2,000m에 자리하고 있다. 커피는 차와 함께 국가의 경제를 지탱하는 주요한 농작물이지만, 1994년 종족 간 집단 학살의 영향으로 한때 생산량은 전성기의 절반 이하로 급감했다. 하지만 최근 고품질의 커피콩이 다시금 주목을 받아, 대폭적으로 회복기에 접어들었다.

위: 루완다의 워시드의 모습.
아래: 무거운 커피콩 자루를 머리 위에 얹어 운반하고 있다.

주요한 재배 품종	부르봉
수확 시기	3~6월
연간 생산량	13,000t

주요 원두

도마이네 아바툰지(Domaine Abatunzi)

1904년에 독일인 선교사로부터 반입된 부르봉종 중의 하나이다. 현지에서는 '이카완덴데(Ikawandende)'로 불린다. 레몬과 같은 감귤계의 향기와 캐러멜을 연상시키는 달콤함이 인상적이다. 마일드한 입맛에 제격이다.

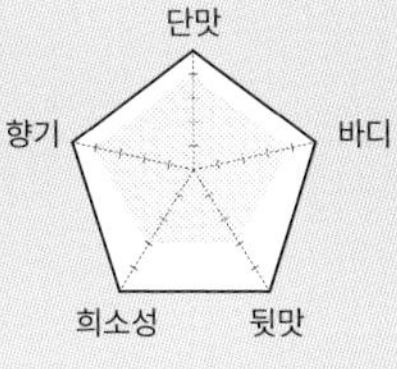

[원두 데이터]

품종 부르봉 롱 밸리 **정제** 워시드 **스크린** 15 이상 **기타** 해발 1,750m **볶음도** 중볶음 **향미** 장미, 홍차, 오렌지

캬힌다(Cyahinda) CWS

1,600~1,900m의 냐루글군 냐기소지 지역에 있으며, 2015년 설립된 캬힌다 워싱 스테이션은 주변의 영세 생산자로부터 체리를 매입하여 정제한다. 과일향이 강하고 크리미하며, 세련된 신맛을 띠는 것이 특징이다.

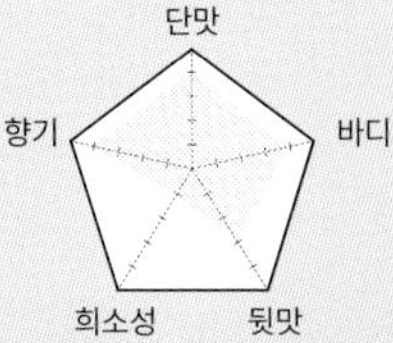

[원두 데이터]

품종 부르봉 **정제** 워시드 **스크린** 15 이상 **기타** 해발 1,600~1,900m **볶음도** 중볶음 **향미** 살구, 체리, 허니

30 말라위

REPUBLIC OF MALAWI

재배에 적합한 환경이지만 재배량은 적다

국토의 대부분이 고원지여서 시원하고, 커피 재배는 거의 전 국토에 걸쳐 행해진다. 단 커피 산업은 수출 총액 전체에서 보면 아주 소량에 그친다. 1992년에 8,160t으로 최고 수출을 기록한 후로는 계속 하락세이다. 재배 품종 중에는 에티오피아 기원의 게이샤종도 포함된다.

주요 원두

비피아힐즈(Viphya Hills) 협동조합, 캉가(Khanga) 마을

비피아힐즈 협동조합은 캉가 마을의 소규모 농가들이 가져온 콩을 정제한다. 해발 1,500~1,900m의 땅에서 재배되는 알이 굵은 품종이며, 트레이드 인증 등을 취득했다. 맛의 균형이 우수한 커피콩이다.

[원두 데이터]

품종 게이샤, SL28, 가로, 니카, 문도노보
정제 워시드 **스크린** 18 이상
기타 해발 1,500~1,900m/페어 트레이드 인증 **볶음도** 중볶음
향미 캐러멜, 오렌지, 초콜릿

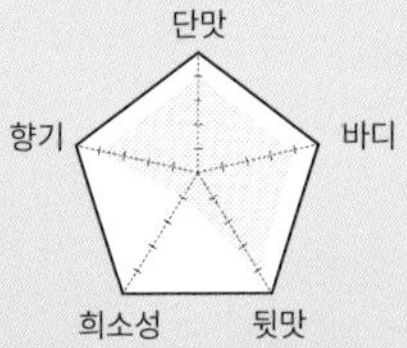

31 남아프리카공화국

REPUBLIC OF SOUTH AFRICA

시장에 거의 나오지 않는 희귀 원두

아프리카 대륙 최남단에 위치한 남아프리카공화국은 해안 지역을 제외하고 고지이며, 기온차가 크다. 현재, 상업의 기초로 생산되고 있는 것은 비버클릭 농원뿐이다. 시장에는 좀처럼 나오지 않지만, 커피콩의 높은 품질이 주목받고 있다.

주요 원두

비버클릭(Beaver Creek) 농원

비버클릭은 해발 215m에 위치한 관광 농원으로 연간 5만 명이 찾고 있다. 커피 재배는 1984년부터 시작되었으며, 스크린 18 이상 원두는 천연 건조하여 현재 연간 생산량은 8~12t에 달한다.

[원두 데이터]

품종 SL28 **정제** 워시드 **스크린** 18 이상 **기타** 해발 215m/10% 셰이드 트리 **볶음도** 중볶음 **향미** 그린 애플, 와인, 너트

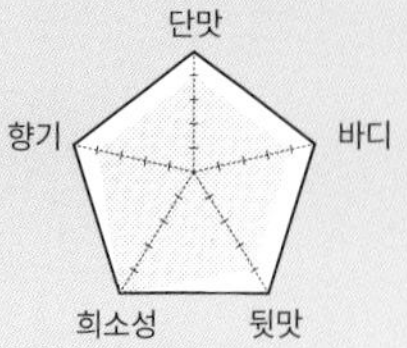

D

마지막 커피 프런티어

아시아 · 오세아니아 지역

커피콩 생산 상위 10개국으로 베트남, 인도네시아, 인도가 뽑히는 등 아시아 오세아니아 지역이 최대 산지가 되고 있다. 카머더티 커피가 대부분이지만, 스페셜티 커피의 성장도 기대되고 있다.

32 일본
33 하와이
34 호주
35 뉴칼레도니아
36 인도네시아
37 파푸아뉴기니
38 동티모르
39 네팔
40 미얀마
41 중국
42 필리핀
43 대만
44 인도
45 태국

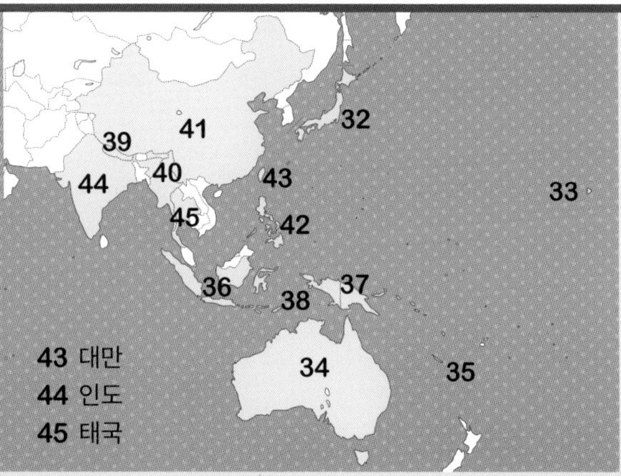

32 일본

JAPAN

일부 지역에서 재배되고 있는 일본 커피

일본에서는 메이지 시대부터 커피 재배가 시작되었다. 현재는 오키나와 본토, 이시가키섬, 도쿠노시마, 오가사와라 제도 등에서 재배되고 있다. 하지만 일본 열도는 커피 벨트로부터 떨어져 있으며, 게다가 태풍 등의 날씨 영향도 크기 때문에 안정적인 생산량을 확보하기에는 어려운 상황이다.

주요 원두

오가사와라 보닌 아일랜드 커피

대규모의 생산이 어려워 일반 시장에 출품될 정도의 수확량은 확보할 수 없으며, 거의 현지 산물로서 소비되고 있다. 중볶음을 하면 초콜릿이나 와인과 같은 맛을 지닌다.

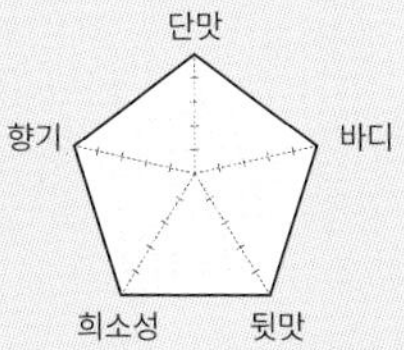

[원두 데이터]

품종 문도노보 **정제** 내추럴 **스크린** 불명 **볶음도** 중볶음 **향미** 초콜릿, 와인, 비스킷

33 하와이

HAWAII

특수한 환경에서 자란 코나 브랜드

하와이 코나 지역에서 재배되는 티피카종인 '하와이 코나'가 유명하다. 이 지역은 해발 600m 정도이지만, 특유의 기후 덕분에 고지와 같은 환경을 가진다. 알이 큰 순서대로 엑스트라팬시, 팬시, No.1의 등급이 매겨진다. 하와이 외에서도 커피 재배는 행해지며 마우이섬, 카우아이섬 등에서도 고품질의 원두가 수확되고 있다.

주요한 재배 품종	티피카
수확 시기	10~3월
연간 생산량	2,700t

위: 수작업으로 수확되는 하와이 코나의 농원.
아래: 하와이 코나에서 가장 오래된 그린웰 농원.

주요 원두

코나 그린웰 엑스트라 팬시(Greenwell Extra Fancy)

가장 오래된 하와이 코나 농원인 그린웰에서 재배되는 코나 커피는 등급과 관계없이 팔리기 때문에, 선별 과정이 까다로운 엑스트라 팬시의 규격이 크게 감소했다. 그중에서 스크린 19 이상을 유지하고 있는 굵은 크기가 특징이다.

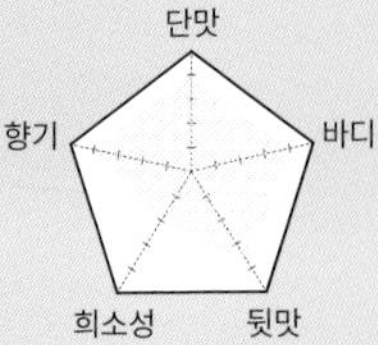

[원두 데이터]

품종 티피카 **정제** 워시드 **스크린** 19 이상 **기타** 해발 400~800m **볶음도** 중볶음
향미 허니, 재스민, 멜론, 밀크 초콜릿

카우 커피밀 엑스트라 팬시(Kau Coffee Mill Extra Fancy)

하와이 남부, 카우 지역. 카우 커피밀 농원의 고도는 해발 400~800m로 고지는 아니지만, 이곳에서 재배된 티피카종은 스크린 19 이상으로 크기를 자랑한다. 최상급 규격의 엑스트라 팬시를 취득하고 있다.

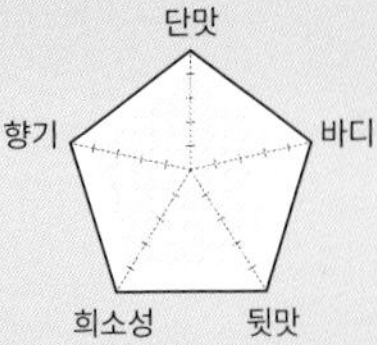

[원두 데이터]

품종 티피카 **정제** 워시드 **스크린** 19 이상 **기타** 해발 400~800m **볶음도** 중강볶음 **향미** 살구, 오렌지, 밀크 초콜릿

34 호주

AUSTRALIA

커피 재배가 기대되는 신흥국

호주의 커피 재배는 1880년대로 거슬러 올라간다. 특히 호주에서 커피 재배는 상업의 기초로 생산되게 된 것은 1980년대부터이다. 현재 퀸즈랜드주에서 뉴사우스웨일스주에 걸친 동해안을 따라 커피가 재배되고 있다. 넓고 평평한 토지를 기반으로 기계 수확을 하므로 소규모 작업 인원으로 이뤄진다.

주요 원두

마운틴 톱 농원

해발 300~400m로 저지대에 위치하지만, 고도 1,200m에 필적하는 자연환경을 자랑한다. 재배 품종은 케냐의 품종으로부터 선택된 K7이며, 완숙될 때까지의 시간이 길고 초콜릿향과 과일향을 겸비하고 있다.

[원두 데이터]

품종 K7
정제 세미 워시드, 내추럴
스크린 18 이상
기타 해발 300~400m
볶음도 중볶음 **향미** 레몬, 오렌지, 머스킷, 다크 초콜릿

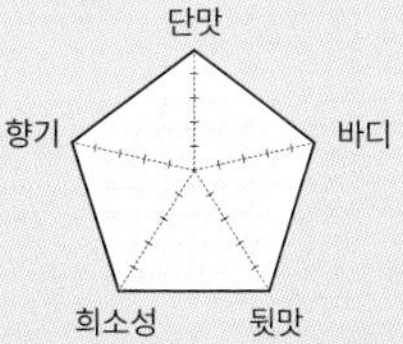

35 뉴칼레도니아

NEW CALEDONIA

기후 불순의 영향으로 1개의 농원만 남은 뉴칼레도니아

19세기 후반에 프랑스령의 레위니옹섬에서 커피콩이 전파된 뉴칼레도니아. 이전에는 여러 농장에서 생산되었지만 가뭄이 계속되면서 임금이 좋은 니켈 산업으로 이행되었다. 현재는 이다마크 농원만 커피를 재배하고 있다.

주요 원두

이다마크(IDA-MARC) 농원

프랑스에서 뉴칼레도니아로 이주한 부부가 개척한 농원으로, 리로이(별칭 포완투)는 아라비카종의 일종으로 뾰족하고 작은 모양을 가지는 것이 특징이다. 뉴칼레도니아의 유일한 농원에서 재배되고 있기 때문에 매우 희소하다.

[원두 데이터]

품종 릴로이정제 **정제** 워시드
스크린 13~14
기타 해발 300~400m
볶음도 약볶음
향미 밀크, 다크 초콜릿, 시트러스, 너트

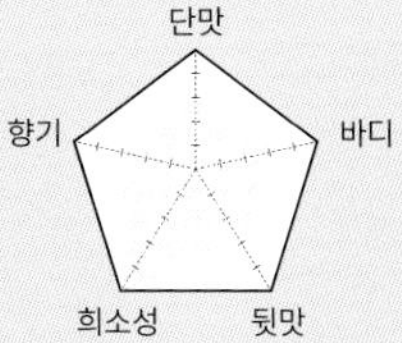

36 인도네시아

REPUBLIC OF INDONESIA

고품질의 커피에서 커머더티까지 생산

2016년 세계 커피 생산량 4위에 오른 인도네시아는 유수의 커피 생산국이다. 특히 수마트라섬 북부 만델링이 유명하다. 반면 19세기 후반, 파상풍 피해를 입은 이후, 보다 병해에 강한 로브스터종으로 개종하면서 현재 생산되는 대부분 커머더티 커피로 유통되고 있다.

주요한 재배 품종	아텐, 준벨, 시갈라우탄, 오난간장
수확 시기	적도 이남: 5~11월 적도 이북: 10~3월
연간 생산량	68만 9,460t

위: 자연의 그늘 나무에 둘러싸여 열매를 맺는 커피 체리.
아래: 대부분이 소규모 농가에서 수작업으로 수확되고 있다.

주요 원두

수마트라섬 만델링 수마트라 타이거(Mandheling Sumatra Tiger)

수마트라섬의 소규모 농장에 모인 스크린 19 이상의 큰 커피콩이 만델링 핸드픽으로 결점두의 혼입이 거의 없다. 원두로 건조하는 수마트라식 물레로 정제되어 독특한 향과 목 넘김이 특징이다.

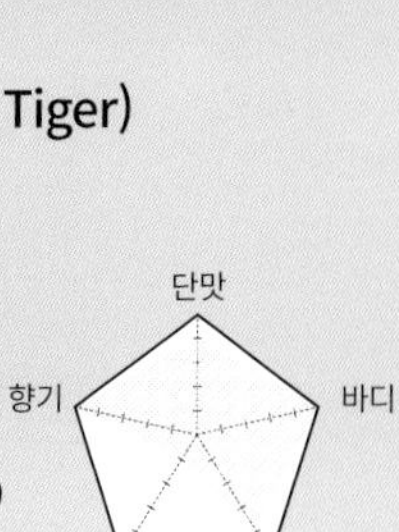

[원두 데이터]

품종 아톤, 준벨 시갈라우탄, 오난간장 **정제** 수마트라식 웻헐(wet hull) **스크린** 19 이상 **기타** 해발 1,400m 전후 **볶음도** 강볶음 **향미** 트로피컬 프루츠, 초콜릿, 베리

수마트라섬 코피 무상(Kopi Musang) 시벳캣(Civet Cat)의 선물

아체주 타켄곤 시내 플랜테이션에서 서식하는 사향고양이가 무농약 완숙 체리를 먹고 배설한 것으로 발리섬에서는 루왁 커피, 수마트라섬에서는 코피 무상으로 불린다. 독특하면서도 달콤한 향기를 가지는 것이 특징이다.

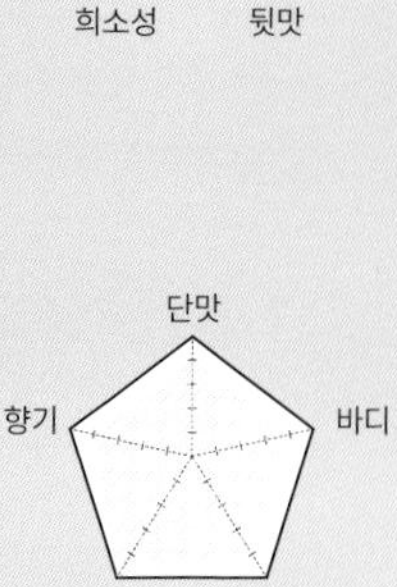

[원두 데이터]

품종 아텐, 준벨 **정제** 사향고양이 프로세스 **스크린** 14~19 **볶음도** 중볶음
향미 초콜릿, 캐러멜, 허브

37 파푸아뉴기니

INDEPENDENT STATE OF PAPUA NEW GUINEA

커피가 주요 산업 중의 하나

1만 개에 가까운 섬으로 구성된 파푸아뉴기니는 자메이카에서 티피카종, 탄자니아에서 부르봉종이 들어오고, 문도노보와 카투라도 전래되어, 현재 커피는 팜 오일에 이어 제2의 수출 농작물이 되었다.

주요 원두

프로사의 모리 M19GP

호주 NASAA 유기 인증을 받은 농원에서 자메이카 블루마운틴(티피카)과 탄자니아의 아르샤(브르봉)를 재배하고 있다. 부드러운 향기의 신맛과 코코아 같은 깊은 맛을 가지는 것이 특징이다.

[원두 데이터]

품종 티피카, 부르봉, 아르샤
정제 워시드 **스크린** 18 이상
기타 1,500~1,600m/오스트레일리아 유기인증(NASAA) 권장
볶음도 중볶음 **향미** 허브, 허니, 밀크 초콜릿, 코코아

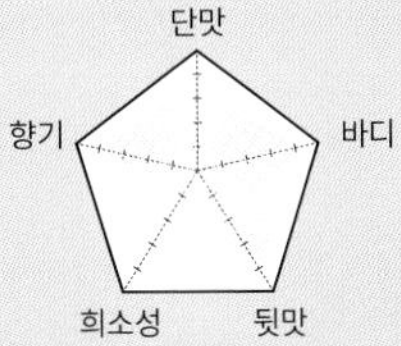

38 동티모르

THE DEMOCRATIC REPUBLIC OF TIMOR-LESTE

해외 NGO 협력을 통한 유기농 커피

19세기 전반에 아라비카종이 전파되었음에도 불구하고, 농장의 빈곤 문제로 농약, 화학 비료를 사용하지 못하고 근근이 생산하였다. 1975년 독립 이후, 혼란이 계속되는 가운데 커피 산업도 정체되는 듯했으나, 일본의 NGO 법인 피스윈즈 재팬과 펜팔 시크의 지원을 통해 유기농 재배 커피가 주목을 받고 있으며, 동티모르의 경제 부흥에 일조하고 있다.

주요 원두

레테포호 10 마리아노(Letefoho 10 Mariano)

피스윈즈 재팬이 지원하는 피스커피인 레테포호 10 마리아노는 2003년, 35가구에서 커피 생산이 시작되었다. 지금은 600가구 이상이 참가하고 있으며, 피스윈즈 재팬이 직접 기술 지도를 실시함으로써 품질이 극적으로 향상했다. 유기농 JAS 인증을 취득하였다.

[원두 데이터]

품종 티피카 **정제** 워시드
스크린 16 이상
기타 해발 1,500m/유기 JAS인증
볶음도 중볶음
향미 다크 초콜릿, 체리, 캐러멜

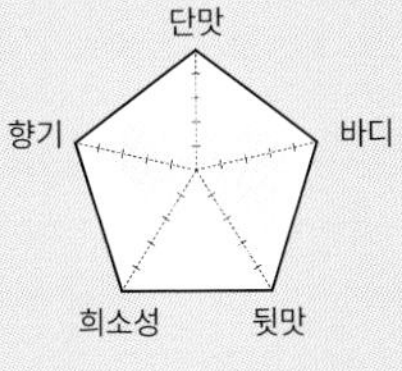

39  네팔

FEDERAL DEMOCRATIC REPUBLIC OF NEPAL

히말라야에서 재배되는 고품질의 아라비카종

네팔 커피은 2000년대 들어와 본격적으로 커피를 수출하고 있는 신흥 생산국 중 하나이다. 히말라야 산악지대 기슭에서 고품질 아라비카종이 재배되고 있으며, 밤낮으로 기온 차가 심한 환경으로 인해 히말라야 커피의 깊은 맛을 낳고 있다.

주요 원두

안나푸르나(Annapurna)

해발 800~1,200m의 네팔 중부 카스키군에서 33개의 농촌 생산자가 정성을 들여 원두를 정제하여 제대로 된 향미를 지니고 있으며 신맛과 단맛은 비교적 약한 특징을 가진다. 우유와 잘 어울린다.

[원두 데이터]

품종 티피카, 옐로우 칸투라
정제 워시드 스크린 15 이상
기타 해발 800~1,200m
볶음도 중볶음
향미 초콜릿, 바닐라, 헤이즐넛

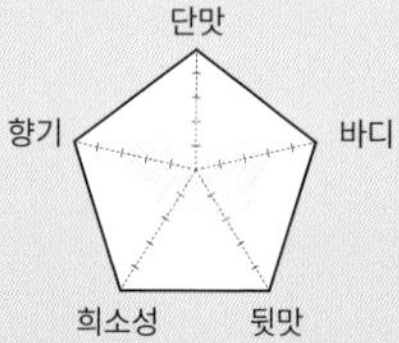

Column

세계에서 생산되고 있는 특수한 커피콩

나무 위에서 완숙된 커피콩, 보이아 커피(Boia Coffee)

붉게 익은 커피 체리를 수확하지 않고 그대로 나무 위에서 까맣게 될 때까지 완숙하는 방식으로 재배되는 보이아 커피 원두는 나무에서 자연스럽게 익힘으로써, 통상의 순서로 수확한 커피 원두와는 다른 깊이나 단맛을 지닌다. 그러나 이 생산 방법은 나무에 대한 부담이 크고 수확량이 떨어져 생산량이 적다.

'사향고양이의 선물', 코피 루왁(Kopi Luak)

인도네시아의 사향고양이는 숙성된 커피 체리를 가장 좋아한다. 이 커피 체리의 실제 종자 부분은 사향고양이의 몸속에서 소화되지 않고, 그대로 배설된다. 그 씨앗을 모아 깨끗이 닦고, 껍질을 벗기면 커피 원두가 되어, '루왁 커피'로서 유통된다. 사향고양이의 몸속 미생물에 의한 발효로 독특한 향과 맛의 원두로 평가받아 고가로 판매된다.

40 미얀마
REPUBLIC OF THE UNION OF MYANMAR

거국적 커피 증산 계획 중인 미얀마

19세기 후반에 로부스타종의 재배가 시작되었으며, 아라비카종의 재배가 시작된 것은 1930년대이다. 현재 생산량 비율은 아라비카종이 70%, 로부스타종이 30%를 차지한다. 비옥한 적토를 비롯해 커피 재배에 적합한 환경 속에 증산 계획이 진행되고 있다. 향후 양질의 아라비카종의 생산량 증가에 기대를 모으고 있다.

주요 원두

핀우린 커피(Pyin Oo Lwin Coffee)

1930년에 샨고원에서 아라비카종의 재배가 시작되면서, 최근에 이르러 겨우 재배 면적이 확대되었다. 비옥한 적토와 적당한 강수량으로 고품질의 원두 생산 가능성을 보여줬다. 너트계의 향과 과일향이 특징이다.

[원두 데이터]

품종 SL34, S795 **정제** 워시드
스크린 15 이상
기타 해발 1,000~2,000m
볶음도 중복음
향미 헤이즐럿, 라즈베리

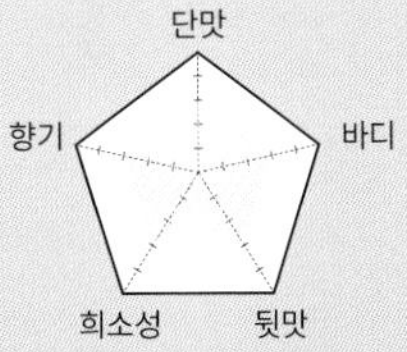

41 중국
PEOPLE'S REPUBLIC OF CHINA

고품질 원두의 대규모 생산지로서 주목받는 중국

현재 대규모 커피 생산지로서 중국이 주목받고 있다. 현재 주된 산지는 윈난성에 집중되어 있다. 아시아의 다른 많은 지역에서는 로부스타종 생산이 주를 이루는 반면, 윈난성에서 재배되고 있는 것은 아라비카종이다. 커피 제조업체의 투자에 힘입어 매년 생산량이 큰 폭으로 증가하고 있다.

주요 원두

시솽판나 와일드 엘리펀트 밸리(西双版納 野象谷)

미얀마에 가까이 위치하고 있는 윈난성의 소수민족이 수확한 커피콩으로 야생 아시아 코끼리가 커피농장을 찾는 자연환경으로 티모르종이 재배되고 있다.

[원두 데이터]

품종 카티모르 **정제** 워시드
스크린 16 이상
기타 해발 1,000m 권장
볶음도 중복음
향미 허브, 홍차, 브라운 슈가

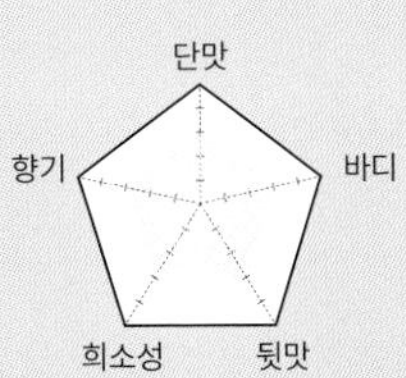

42 필리핀

REPUBLIC OF THE PHILIPPINES

주로 로부스타종을 재배하면서 희귀종도 재배

1740년부터 커피 생산을 시작하면서 세계적인 생산지가 된 필리핀이지만, 1889년 녹병 피해를 받은 이후 병해에 강한 품종으로 바꾸었다. 한편, 희귀종 중 하나인 리베리카종(바라코라고 불린다) 등이 현재도 남아 있어, 커피 팬들의 주목을 받고 있다.

주요 원두

칼라산 스위트(Kalasan Sweet)

현지에서 스위트 커피로 불리는 희귀 품종으로 카라투간산 원시림의 가혹한 자연환경에서 타라앙딕족 10개의 농가가 수확하고 있으며, 커피콩은 작고 갸름한 생김새가 특징이다.

[원두 데이터]

품종 카라산 스위트
정제 워시드 스크린 14 이상
기타 해발 1,500~1,900m
볶음도 중볶음
향미 베르가모트, 벌꿀, 바나나

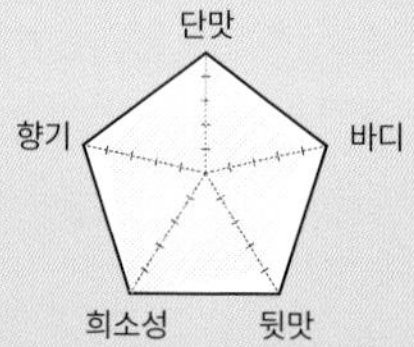

43 대만

TAIWAN

고품질의 아리산 커피가 인기

대만의 커피 재배는 1885년 청나라 시대부터 시작되었다. 일본에 통치를 받던 1930년대에 농업 정책의 일환으로 커피 생산이 활발하게 이뤄졌으나, 제2차 세계대전의 영향으로 일시적으로 쇠퇴하였다. 최근 다시 고품질 원두의 재배에 힘을 쏟기 시작하면서 특히, 차의 명산지로 알려진 아리산에서 재배된 커피가 높은 인기를 받고 있다.

주요 원두

아리산 추축원(阿里山 鄒築園) 수마트라 티피카 골든 허니

파치먼트가 캐러멜 코팅된 것 같은 색을 띠고있어 골든 허니라는 이름이 붙었다. 펄퍼에 넣은 후, 건조 기계에 찻잎을 거는 독특한 펄프드 내추럴 정제 방식을 사용해, 사탕을 머금고 있는 것 같은 강한 단맛을 지닌다.

[원두 데이터]

품종 수마트라 티피카
정제 펄프드 내추럴
스크린 16 이상
기타 해발 1,200~1,250m 권장
볶음도 중볶음 향미 허니, 브라운 설탕, 캐러멜

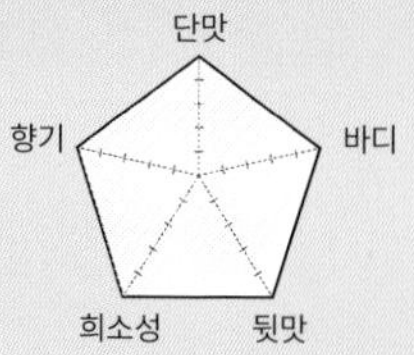

44 인도

INDIA

오랜 역사를 지닌 인도 커피 재배

인도라고 하면 홍차의 나라로 이미지가 강하지만, 커피에 있어서도 유래 깊은 역사를 지닌다. 1600년대 인도의 수도승이 예멘의 사원으로 반출 금지되었던 커피콩의 모종을 목숨을 걸고 인도로 들여왔다고 전해진다. 재배 품종은 주로 아라비카종으로 수세식으로 정제된 생두는 가벼운 신맛과 바디가 있다.

주요 원두

갠지스 SC-11

인도 커피의 발상지로 알려진 바바브단기리의 군게기리 농원에서 재배되며, 평균 연간 16~32도까지 큰 기온차가 양질의 커피콩을 만든다. 강한 로스팅을 하면 건포도 맛의 향미가 더해진다.

[원두 데이터]

품종 찬드라기리(비자살치×하이브리드티모르) **정제** 펄프드내추럴 **스크린** 16이상 **기타** 해발 1250m **볶음도** 중볶음 **향미** 레드와인, 건포도, 비타 초콜릿

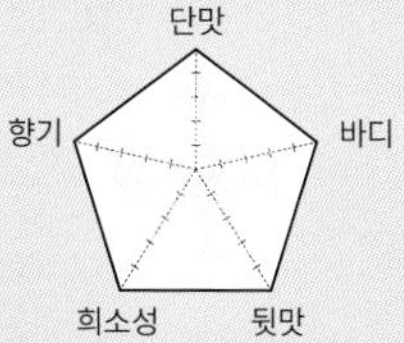

45 태국

KINGDOM OF THAILAND

도이창(Doichang), 도이퉁(Doitung) 커피에 주목

일찍이 번성했던 양귀비 등의 대체 작물로써 타이 왕실이 주도하여 커피 재배를 도입하였다. 태국 전체로 보면, 품종의 상당 수는 로부스타종이다. 스페셜티 커피의 아라비카종은 태국 북부에서 재배되며, 특히 도이창, 도이퉁의 2개 지역이 유명하다.

주요 원두

도이창 우사미농원 카티모르

고품질의 태국 커피 생산지 중 하나인 도이창은 일본인 환경역사학자 우사미 히로쿠니 씨가 농원주이며, 산악 민족의 수입 향상과 환경 보전을 위해 현지에서 커피 재배 지도에 앞장서고 있다. 100% 천연 건조하는 것이 특징이다.

[원두 데이터]

품종 카티모르 **정제** 워시드
스크린 16이상
기타 해발 1,200~1,600m
볶음도 중볶음
향미 스파이시, 초콜릿, 살구

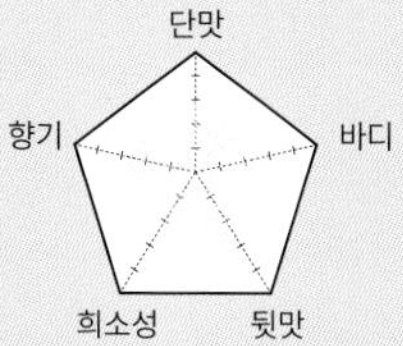

커피 용어 사전

게이샤 → P30

에티오피아 기원의 희귀 야생 품종. 꽃을 연상시키는 향기와 감귤류의 향미가 매력으로 2004년 파나마 옥션에서 각광을 받았다.

결점두 → P65

커피의 향과 맛에 악영향을 주는 결품 원두라는 의미.

경수 → P147

물 1ℓ에 마그네슘과 칼슘 함유량이 120mg 이상인 물. 경수로 끓이는 경우 커피의 쓴맛이 진하게 나오기 때문에 에스프레소에 적합하다.

공정무역 인증 커피 → P55

서스테이너블 커피의 하나. 시장 가격이 하락해도 중간 업자는 공정무역의 최저 가격 이상을 보장하고있다는 인증.

과테말라 → P51

과테말라공화국의 원두를 가리킨다. '안티구아'가 최고의 품질. 딱 좋은 감칠맛과 단맛이 있고, 끝이 깔끔하다.

급 냉각식 → P138

아이스 커피 끓이는 방법의 하나. 서버에 얼음을 넣어 드립하는 방법과 얼음을 넣은 잔에 추출한 커피를 넣는 방법이 있다.

내추럴(와이니) → P24

정제 방법의 종류. 수확한 커피 체리를 물을 사용하지 않고 건조하여 탈곡하는 방법. 건조식으로도 부른다.

넬 드립 → P110

전용 넬(천)을 이용한 드립 방식. 종이 드립보다 맛에 감칠맛과 깊이가 나오는 것이 특징이다.

그린빈 → P17

커피 생두를 말함. 신선한 생는 진한 녹색을 띠고 있기 때문에 이렇게 불리기도 한다.

드립 → P86

가루에 물을 투과시켜 추출하는 방법. 페이퍼 드립과 넬 드립이 있다.

드립 포트 → P89
드립 시 사용하는 전용 포트. 주둥이가 가늘고 길며 끝에 아르가 붙어 있어 물을 가늘고 조용히 따를 수 있다.

디자인 카푸치노 → P166
크레마와 폼 밀크를 사용하여 그림이나 문자를 표현하는 것. 라떼아트와 비교하면 어레인지 폭이 더 넓다.

라떼아트 → P166
폼 밀크를 컵에 따르고 하트와 잎 등의 모양을 그리는 기법.

로스팅 프로필 → P74
화력, 온도, 시간 등 최적의 로스팅에 필요한 각 과정에서의 섬세한 온도 관리.

리베리카 품종 → P28
낮은 지대·평지 재배가 가능하고, 비가 적게 오는 환경이나 병충해에도 강하다. 소비량이 적으며 주로 유럽에서 소비된다. 세계 커피 시장에서는 유통되고있지 않다.

리브 → P86
드리퍼 안쪽에 새겨진 홈을 말한다. 제조사에 의해 리브의 형태나 높이에 차이가 있다.

모카포트 → P128
커피를 추출하는 커피 제조 도구. 에스프레소에 가까운 짙은 맛의 커피가 완성된다.

만델링 → P46
인도네시아 수마트라섬에서 채취되는 아라비카 품종 원두를 가리킨다. 강한 특색이 있는 맛, 신맛은 적고, 강한 바디와 쓴맛의 농후한 맛이 특징이다.

모카 → P48
예멘공화국산의 '모카 마타리' 그리고 에티오피아 연방 민주공화국산의 '모카 하라'와 '모카 시다모 '의 총칭. 예전부터 이들이 섞여 예멘의 모카 항구에서 수출되고 있었기 때문에 큰 그룹으로 묶어 이름이 불러졌다. 일반적으로 과일향의 신맛과 화려한 향이 특징이다.

미디엄 로스트 → P58
약한 로스팅 정도의 하나로 신맛이 강하다.

미세한 가루(미분) → P83
커피 원두를 갈았을 때 나오는 미세한 분말을 뜻한다. 맛이 탁해지는 원인이 된다.

밀(그라인더) → P82
커피콩을 갈기 위한 도구. 손으로 하는 식과 전기로 하는 식이 있고 분쇄의 방식도 다양하다.

바디 → P40
맛을 나타내는 표현 중 하나. 짙고, 무게감 있고, 깊이 있는 맛을 합해서 '바디감이 있다'고 표현한다.

바리스타 → P201
커피숍이나 바에서 일하는 에스프레소를 중심으로 커피 음료를 제공하는 일을 하는 사람.

로스터 → P74
생두 상태의 커피를 배전하고, 로스팅 원두로 마무리하는 일을 하는 사람. 어떻게 로스팅하느냐에 따라 맛이 극명하게 바뀐다.

버번 → P30
아라비카 품종의 2대 원종의 하나. 티피카보다 수확량은 조금 더 많지만, 다른 품종에 비해 적다. 큰 원두와 농후한 바디와 단맛이 특징이다.

보이아 커피 → P274
나무에서 숙성된 원두. 단맛이 강하다고 알려져 있지만, 커피나무에 부담이 되기 때문에 거의 행해지지 않고 있다.

브라질 → P45

브라질산 원두를 가리킨다. 적당한 쓴맛이 있으면서 마일드하고 특색이 없기 때문에 블렌드의 베이스로 쓰인다.

블렌드 커피 → P188

'스트레이트 커피'에 대해 2품목 이상의 콩을 섞은 커피.

블루마운틴 → P50

자메이카 블루마운틴 지역에서 생산된 커피. 향이 좋고, 부드러운 입맛. 특히 일본에서 인기가 많다.

사이펀 → P118

의료 용품에서 영감을 얻어 발명된 커피 메이커. 플라스크 안에 물을 끓여 고온 단시간에 추출한다.

생두 → P16

로스팅하기 전의 커피콩, 그린빈(green bean).
서브 크롭(두 번째에 수확한 콩) 등처럼 사용된다.

서스테이너블 커피 → P54

환경과 생산자 양면을 보고 지속적, 안정적으로 커피를 생산해 가기 위한 노력을 바탕으로 생산된 커피 원두를 말한다.

세미 워시드 → P22

정제 방법의 종류. 수확한 커피 체리의 과육을 펄프에서 제거한 후, 기계로 점액질을 제거하여 원두를 건조하고 탈곡하는 방법.

셰이드 트리(그늘 나무) → P18

커피나무 재배를 할 때 직사광선을 피하기 위해 심은 나무를 말한다.

수마트라식 → P25

만델링의 산지 인도네시아의 수마트라섬에서 이루어지고 있는 정제 방법. 커피 체리의 과육을 제거하고 통상 수분치를 10~11%까지 건조한 것을 50% 정도의 상태로 탈곡하여, 다시 천일 건조하여 생원두를 만든다.

스크린 사이즈 → P38

생두의 크기. 클수록 높은 품질이 된다.

스트레이트 커피 → P34

섞지 않고 단일 품종으로 로스팅한 커피를 말한다.

스페셜티 커피 → P36

트레이서빌리티가 명확한 최고급 원두. 유통량이 적고, 뉴욕 시장 밖에서 거래되고 있다.

스페셜티커피협회(SCA) → P36

1982년 미국에서 설립된 커피 단체 SCAA가 2017년에 유럽의 SCAE와 통합되어 현재의 이름으로 명칭.

시티 로스트 → P59

볶음도 중의 하나. 쓴맛과 신맛의 조화가 좋다.

실버 스킨 → P17

커피 체리의 씨앗(생두)의 주위를 감싸고 있는 얇은 껍질.

싱글 오리진 → P34

생산지, 농장, 품종, 정제 방법, 수확 시기 등 구체적으로 특정할 수 있는 원두.

아라비카 품종 → 28

고품질 커피의 주류를 이루고 있는 커피의 3가지 품종 중 하나. 높은 고도의 토지에서 자라 병충해에 약하기 때문에 카네포라(Canephora) 품종보다 재배에 시간이 걸린다.

아로마 → P80

커피의 향기

아프리카 베드 → 24

정제 시에 체리나 파치먼트를 천일 건조할 때 사용하는 받침대를 아프리카에서 이렇게 부른다.

애프터 믹스 → 188
블렌드를 만드는 방법 중 하나. 생두를 1종류씩 로스팅한 후 브렌드한다.

파치먼트 → P17
커피 체리의 씨앗(생원두)의 주위를 덮고 있는 실버 스킨(은색 껍질)을추가로 덮고 있는 딱딱한 가죽.

에스프레소 → P140
전용 커피 머신을 사용하여 고압에서 순간적으로 추출하는 방법으로 만든 커피. 원두 본래의 향미를 맛볼 수 있다.

연수 → P147
물 1ℓ에 탄산칼슘의 함유량이 100mg 이하인 물. 커피의 맛을 방해하지 않기 때문에 드립할 때에는 미네랄 성분이 적은 연수가 적당하다. 수돗물 또는 미네랄 워터는 거의 연수에 해당한다.

열풍식 → P62
생두가 들어간 드럼에 열풍을 보내 로스팅하는 방식이다.

옐로우 체리 → P17
빨간색이 아닌 노랗게 변하는 커피 체리를 말한다

유기농 커피 → P54
지속 가능한 커피 중 하나. 유기농은 관련 기관의 인증이 필요하다.

워시드 → P21
정제 방법의 종류. 물을 사용하여 수확한 커피 체리의 과육과 점액질을 제거한 후 건조하여 탈곡하는 방법. 수세식으로도 부른다.

이르가체페(Yirgacheffe) → P43
에티오피아 연방 민주공화국에서 생산한 커피콩. 시다모 내 작은 지역에서 재배한다. 1990년대 후반부터 좋은 품질의 상표로 인정받게 되었다. 상큼한 신맛과 더불어 부드러운 과일의 향이 두드러진다.

이탈리안 로스트 → P59
로스팅 방법 중 하나. 가장 진한 로스팅 방법.

일본 스페셜티커피협회(SCAJ) → P36
1987년 '전국 일본미식커피협회'로 출범 후 1999년 일본이 개최한 '세계 스페셜티 커피 회의'의 참석을 계기로 '일본스페셜티커피협회'가 탄생한다. 2003년에 '일본 스페셜티 커피협회'로서 신규 설립. 스페셜티 커피에 대한 계몽과 확대를 목적으로 하고 있다.

점액질 → P20
커피콩(생두)을 덮고 있는 양피지 주위에 붙어있는 점도질물. 당분을 함유하고 있는 펙틴 층.

점적 추출법 → P137
1방울씩 따뜻한 물을 내려 커피를 추출하는 방법. 슬로우 드립이라고도한다.

정제 설탕 → P148
정제도가 높고 입자가 고운 설탕. 특징이 없고, 쉽게 녹기 때문에 커피에 넣어도 맛을 해치지 않는다.

제1의 물결 → P242
19세기~1970년대에 걸쳐 저렴한 커피가 대량 생산·유통하게 된 시대를가리킨다.

제2의 물결 → P242
1980~90년대에 일어난 제1의 물결에 대적한 새로운 등장. 원두의 향미를 잘 살린 프렌치 로스팅 커피를 제공하는 시애틀계 커피 체인이 대두했다.

제3의 물결 → P242
2000년대부터 미국에서 일어난 커피의 흐름. 싱글 오리진의 스페셜티 커피를 사용해 한 잔씩 정성들여 로스팅한 커피를 지향한다.

종이 드립 → P86
1908년 독일의 멜리타 여사에 의해 고안된 드립 방식. 드립 전용 종이 필터를 설치하고 가루를 넣은 위에 물을 부어 커피를 추출한다.

종이 필터 → P86
드립 시에 설치해서 사용하는 종이 전용 필터.

직화식 → P62
커피 생두가 들어간 드럼에 직접 열을 가해 로스팅하는 방식.

채프(chaff) → P17
로스팅 중 생두에서 벗겨져 떨어지는 얇은 껍질.

침수식 → P84
커피 가루를 물에 담가 성분을 추출하는 방법. 드립 기술이 요구되지 않기 때문에 초보자도 안정된 맛을 끌어올릴 수 있다. '침지식'이라고도 한다.

카네포라종(로부스타종) → P28
아라비카 품종보다 고도가 낮은 토지에서 자라기 때문에 병충해에 강하고 열매가 잘 자란다. 인스턴트 커피와 저렴한 블렌드 커피에 사용되는 경우가 많다.

카투라 → P30
버번의 돌연변이종. 티피카의 3배에 가까운 생산량으로 중남미에서 많이 재배되고 있다. 양질의 신맛과 쓴맛이 있다.

커퍼 → P201
커핑을 진행하는 사람.

카페오레 →P155
대중적인 어레인지 음료. 드립 커피와 우유를 1 : 1의 비율로 붓는다.

카페인 → P238
원두에 들어있는 성분 중 하나. 각성 작용이 있어 신진대사 상승하고 지방 연소를 도우며, 염증을 억제하는 효과가 있다. 아라비카 품종보다 로부스타 품종에 더 많은 함유되어 있다.

커피 마이스터 → P218
커피 지식과 기본 기술을 습득한 서비스인이 되는 자격.

커피 메이커 → P132
전동 커피 머신. 주로 드립식과 캡슐식이 있다.

커피 벨트 → P17
커피 재배에 적합한 지역을 지칭하는 단어. 주로 남회귀선~북회귀선 범위를 말한다.

커피 세레모니 → P236
일본의 다도처럼 커피를 마시는 행위를 의례적으로 한 방법. 에티오피아와 에리토리아의 관습.

커피 체리 → P17
커피나무에 열리는 열매를 말한다. 레드 체리와 같은 열매를 맺기 때문에 이렇게 불린다.

커핑 양식 → P204
커핑을 진행할 때 기록용 종이.

커핑(cupping) → P200
커피 시음 방법. 세계적으로 미국스페셜티커피협회(SCAA)의 방식을 주로 따른다.

컵 오브 엑셀런스(COE) → P35
Alliance for Coffee of Excellence(ACE)에 의해 매년 개최되는 원두 품질 평가 국제 심사회를 말한다.

커머더티 커피 → P34
뉴욕 시장에서 거래되고, 슈퍼 등에서 판매되고 있는 대량 소비 형태의 커피 원두.

커피나무 → P16
식물로서의 커피 명칭. 분류는 '용담목 꼭두서니과 커피나무부속' 커피나무에 맺히는 열매에서채취하는 씨앗이 커피콩이 된다.

코피 루왁 → P274
커피 체리를 먹은 사향고양이가 배설한 생두를 모아 세척한다. 독특한 향미로 귀중하게 다뤄진다.

콜드브루 커피 → P135
커피 가루를 물에 담가 놓고 시간을 들여 추출하는 방법. 목넘김이 부드러운 커피가 완성된다.

콜롬비아 → P47
콜롬비아공화국의 커피콩을 가리킨다. 신맛 · 단맛 · 쓴맛의 밸런스가 우수하다.

크레마 → P141
에스프레소 윗부분에 보이는 갈색 거품. 커피 원두에서 녹은 탄산가스가 모인 상태.

크롭 → P53
'수확물'를 말한다. 뉴 크롭(수확한 지 1년 이내의 원두), 패스트 크롭(전년도에 수확한 콩), 올드 크롭(수확한 지 2년 이상 경과한 콩) 외에도 이모작인 경우에는 메인 크롭(1회 만에 수확된 콩), 서브 크롭(두 번째에 수확한 콩) 등 처럼 사용된다.

클로로겐산 → P239
커피 원두에 함유 되어 있는 성분 중 하나. '커피 폴리페놀'이라고도 부른다. 세포의 산화를 방지하고 당분 흡수를 늦춰, 식후 혈당 상승을 억제한다. 아라비카종보다 로부스타 씨앗에 많이 함유되어 있다.

클린 컵(clean cup)
커피의 품질을 평가하는 용어. 잡스러운 맛이 없고 깔끔함이 있는맛을 가리킨다.

킬리만자로 → P49
탄자니아산 아라비카 커피를 가리킨다. 화려하고 과일다운 산미와 새콤 달콤한 향기가 특징.

탈곡 → P21
정제 공정에서 양피지와 실버 스킨을 제거하고 생원두를 추출한다.

탬핑 → P144
에스프레소 필터에 넣은 가루를 탬퍼로 눌러 단단하게 하는 것.

떼루아(Terroir) → P36
프랑스어로 '토지'를 의미. 원래는 와인 용어로 와인에 표현되는 토지, 독특한 기후와 토양 등을 지칭한다.

투과식 → P84
물을 커피 가루에 부어 통과시켜 추출하는 방법. 물을 붓는 방법에 따라 맛이 변한다.

트레이서빌리티 → P35
농작물 유래 식품 등의 추적 가능성. 어떤 장소에서도 어떻게 만들어지게 된 것인지 알 수 있는 것.

트리고네린 → P238
커피 원두에 함유된 성분의 하나. 가열하면 '니코틴산'과 'NMP'로 변화한다. 니코틴산은 중성 지방의 증가를 막는 역할을 하며, NMP는 강한 항산화 작용을 가진다. 로부스타 품종보다 아라비카 품종에 많이 함유되어 있다.

티피카 → P30
아라비카종의 2대 원종의 하나. 생산성은 그다지 높지 않지만, 훌륭한 맛을 가지고 있다. 고급스럽고 부드러운 신맛과 감칠맛, 꽃향기가 인기.

펄프드 내추럴(pulped natural)(허니) → P23
정제 방법의 종류. 펄프에서 과육을 제거하고 점액질이 있는 상태에서 천일 건조를 마친 후 탈곡을 하여 생두를 생산한다.

펄핑 →P21
수확한 커피 체리에서 펄퍼로 과육을 빼내는 것.

폼 밀크 → P167
증기로 거품을 낸 우유를 가리킨다. 카페라떼나 카푸치노 등의 어레인지 음료를 만들 때나 라떼 아트, 디자인 카푸치노에도 사용한다.

풀시티 로스트 → P59
강볶음도 중 하나. 어느 쪽인가 하면 쓴맛. 중강 볶음이라고도 부른다.

프렌치 로스트 → P59
깊게 볶은 로스팅 정도 중 하나. 쓴맛이 강하다.

프렌치 프레스 → P124
프랑스에서 개발되어 유럽에서 대중적인 추출 기구. 가루를 물에 넣어 추출하는 간단함이 매력이다.

프리믹스 → P188
블렌드를 만드는 방법 중 하나. 생두 상태에서 2종류 이상의 콩을 합쳐 한 번에 로스팅한다.

플랫 빈(Flat bean) → P17
일반적으로 판매되고 있는 커피콩을 말한다. 커피 체리의 한 씨앗(생두) 안에는 보통 두 종자가 들어가 있어 그 접촉면이 평평하기 때문에 '평두'라고도 부른다.

플레이버 휠
커피 향미표 SCAA와 World Coffee Research(WCR)가 공동으로 개발한 커피의 맛 표현에 참고가 되는 원형 도표.

플로터 선별 → P21
정제 공정의 하나. 수확한 커피 체리를 수조에 넣어 떠오른 덜 숙성된 원두를 제거한다.

피베리(peaberry) → P17
커피 체리의 씨앗(생두)은 보통 2개가 들어 있는 플랫 빈이지만, 때때로 둥근 씨앗이 하나인 경우도 있는데 그 콩을 바로 피베리라고 한다.

하와이 코나 → P51
하와이섬의 코나 지역에서 재배된 커피콩을 가리킨다. 쓴맛은 적은 편이며 부드럽고 새콤달콤한 향이 특징이다.

하이 로스트 → P58
중볶음도 중의 하나. 약볶음에 가까워 신맛이 강하다.

크랙(팝핑) → P56
로스팅 시에 발생하는 원두의 파열음.

핸드 픽 → P65
손으로 커피콩을 선별하는 것. 정제 후 콩 중에서 결점 두를 제거하는 것을 뜻한다. 혹은 로스팅 후 콩에서 결점 두를 제거하는 것을 뜻한다.

버드 프랜들리 커피 → P55
서스테이너블 커피의 하나. 유기농 재배를 하며 숲에 11종류 이상의 나무가 존재한다. 약 20%의 비율이 15m 이상, 약 60%은 12m 이상의 수목이 차지하는 것이 인증 기준이다.

큐그레이더(Q-Grader) → P 218
CQI에 의해 커핑의 프로로 인정받은 전문 기능자.

감수 협력

이 책의 감수에 참여해 준 분들을 소개합니다.

가야누마 요시유키
Kayanuma Yoshiyuki

PART1 P56-75

중미 스페셜티 커피를 주로 취급하는 로스팅 전문점 카페 테난고의 오너. '농장에서 1잔의 컵까지'를 모토로 현지에서 원두를 구매, 로스팅, 판매까지 일관하고 있다.

http://www.cafetenango.jp/

가미요시와라 가즈노리
Kamiyoshiwara Kazunori

PART1 P16-53,PART5 P242-277

농산물과 식품을 취급하는 무역회사 '아타카 통상'에서 커피 부문을 담당하고 있다. 세계 약 60개국에서 스페셜티 커피 생두를 수입해 판매한다. 세계의 커피에 정통한 전문가. 일본커피문화학회 이사.

http://www.specialtycoffee.jp

http://atakatrading.co.jp

커피 사이폰
Coffee Syphon

PART2 P106-109,118-123

1925년 창업. 커피기구의 제조·판매와 커피의 원두 로스팅, 판매 등을 실시하고 있다. 타협하지 않은 드리퍼나 사이펀 등의 기구는 전문가 층의 팬도 많다.

http://www.coffee-syphon.co.jp

구로다 사토시
Kuroda Satoshi

PART2 P78-105,134-139,146-149,
PART4 P188-197,216-217

Day Drip Company 대표. 좋은 커피의 매력을 전하기 위해 독자 브랜드 'Day Drip Coffee'를 개업했으며, 커피 원두의 로스팅 및 판매, 드립 세미나 개최 등 커피와 관련된 다양한 활동을 하고 있다.

https://www.facebook.com/daydripcoffee/

노지 커피
Nozy Coffee

PART2 P124-131,140-145,PART4 P200-215

싱글 오리진 커피 전문점. 커피 본래의 맛을 즐길 수 있도록 블렌딩을 전혀 하지 않고, 전부 싱글 오리진으로 제공한다. 로스팅이나 커핑, 라떼 아트 등 커피에 관련한 각종 세미나도 개최한다.

http://www.nozycoffee.jp

타지마야 커피점
Tajimaya Coffee ten

PART2 P110-113,PART4 P198

도쿄 신주쿠에 위치한 커피 전문점. 세계 각지의 엄선된 원두를 직화식 로스팅 기계로 차분하고 정중하게 자가배전하여 분쇄한 원두를 한잔씩 넬 드립으로 제공하고 있다.

http://tajimaya-coffeeten.com

야마모토 커피점
Yamamoto Coffee ten

PART4 P199

1946년에 창업한 신주쿠의 전통 커피 전문점. 각종 스트레이트 커피의 로스팅 원두, 블렌딩을 비롯하여 밀이나 사이펀, 에스프레소 머신 등 커피와 관련한 기구도 판매하며, 호텔과 커피점 등에 원두를 공급하고 있다.
http://www.yamamoto-coffee.co.jp/

오카 기타로
Oka Kitaro

PART5 P238-241

동경약과대학 명예 교수, 일본커피문화학회 상임 이사. 동경약과대학 졸업, 약학박사 (동경 대학). 스탠퍼드 대학 의학부 유학. 약 화학 및 임상 약리학 전공. 《매일 커피를 마시세요》(集英社), 《커피 한 잔의 약리학》(医薬経済社) 등 저서 다수. 페이스북에서 '오늘의 커피 월드뉴스를' 연재 하고 있다.

언리미티트 커피 바
Unlimited Coffee Bar

PART3

도쿄 스카이트리 앞에 위치한 커피 바. 싱글 오리진 스페셜티 커피와 커피 칵테일을 제공한다. 세계 대회에서 수상 경력이 있는 바리스타가 있으며 , 외국인 관광객도 많이 방문한다.
http://www.unlimitedcoffeeroasters.com

시모사코 아야미
Shimosako Ayami

PART4 P220-221

과자 연구가. 도쿄 양과자 점에서 7년간 수행. 제과위생사 면허 취득. 잡지, 서적 등에서 레시피 제작, 과자 제작, 이벤트용 과자 교실을 실시하고 있다. 케이크 가게에서의 경험을 살려 만들기 쉽고 모양도 예쁜 과자 만들기를 제안하고 있다. 저서로는 《작은 쉬폰 케이크》(주부와 생활사) 등이 있다.
http://www.thinglike.com/

〈취재 협력 · 사진 제공〉

- 이치노미야 물산
  http://www.iritateya.co.jp/
- FNC 콜롬비아 커피 생산자 연합회
  http://cafedecolombia.jp
- 카리타
  https://www.kalita.co.jp
- 스토릭 디자인 (비아렛티 일본 총대리점)
  http://bialetti.jp
- 스미쇼 푸드 (버드프렌드리®커피) http://www.sumitomocorp.co.jp/business/article/id=245
- 전 일본 커피협회
  http://coffee.ajca.or.jp
- 다이사쿠 상사
  http://www.daisaku-shoji.co.jp/
- 데론기 재팬 http://barista.delonghi.co.jp/products/espresso.html
- 일본 스페셜티커피협회
  http://www.scaj.org/
- 하리오
  http://www.hario.com
- 공정 무역 라벨 재팬 (국제 공정 무역 인증)
  http://www.fairtrade-jp.org/about_us/
- 후지 코키
  http://www.fujiko-ki.co.jp/
- 보둠
  https://www.bodum.com/
- 메리타 재팬
  http://www.melitta.co.jp
- UCC 우에시마 커피
  http://www.ucc.co.jp/
- 리코코치
  http://www.recocochi.com/index.html

감수자의 글

우리나라 생커피 수입량은 세계 7위입니다. 커피하우스 숫자는 세계3위, 점심 후 커피 한 잔은 이미 벌써 일상이 되었습니다. 자타가 공인하는 '커피공화국'이라고 불린다지요.

한국의 커피 소비량은 세계적인 규모로 성장 중입니다. 현대경제연구원 조사 결과에 따르면, 지난해 성인 1인당 연간 353잔의 커피를 마셨는데, 같은 해 세계 성인 1인당 커피 소비랑은 132잔으로 국내 소비량의 3분의 1 수준이었습니다. 커피 산업 규모는 약 7조 원에 달해 유럽, 미국, 일본 등에 이은 세계 6위의 커피 소비국으로 이름을 올렸습니다. 이렇듯 커피를 즐기고 이해하는 문화가 우리 사회에 널리 퍼져 있지만, 정작 정확한 커피 정보를 접하기는 어렵습니다. 이 책은《커피사전》이란 제목이지만, 일반 사전과는 조금 달라서 매우 실용적이며, 커피에 관한 최신 정보들까지 간결하게 설명하고 있습니다.

커피 한 잔이 탄생하기까지 어떠한 이야기가 존재할까요? 이 책은 커피의 역사, 종류, 재배 등의 소소하고 재미있는 이야기부터 추출 방식, 커피에 변화를 주는 방법, 한 단계 위의 커피를 즐기는 법, 커피와 각국의 문화까지 체계적으로 생생한 사진과 삽화까지 곁들여 누구나 이해하기 쉽게 다루고 있어서 읽을 만합니다.

우리 일상생활에서 커피가 많은 이들의 사랑을 받고 있는 만큼 무수히 많은 커피 관련 서적들이 쏟아져 나오고 있지만, 이 같은 관점과 방식으로 쉽게 이해할 수 있도록 커피를 다룬 책은 만나기 어렵습니다. 커피 애호가, 그리고 커피와 관련된 일을 하고 싶은 사람이라면 이미 알고 있는 사람이라고 해도 다시 한 번 읽어볼 만합니다. 유익한 참고자료로 활용될 수 있기를 기대합니다.

오랜 세월에 걸쳐 세계적으로 사랑받고 있는 커피에는 심혈관질환 예방 효과, DNA 손상 감소 효과, 노인성 질환 예방 효과 등, 의학적 효과도 어느 정도 기대할 수 있다는 연구 결과들도 책의 수준에 맞게 적절히 다루고 있습니다.

그냥 커피를 즐기면서 마시고자 하는 이들이라도 이 책을 한 번 읽으면 커피를 즐기는 방식이 더욱 다양해지고 풍부해지리라 여겨 한 번 읽어보실 것을 권합니다.

이정기

촬영 島村 緑、小林友美
커버 촬영 松本祥孝
일러스트 加納徳博
표지·본문 디자인 梅井靖子（フレーズ）
사진 제공 Getty Images、PIXTA
촬영 협력 UTUWA
편집 협력 西島 恵　鈴木久子　斉藤彰子
滝本茂浩　阿部雅美　久野剛士（KWC）、村上佳代

● 主な参考資料
『大人のコーヒー常識』トキオ・ナレッジ・著（宝島社）
『がんになりたくなければ、ボケたくなければ、毎日コーヒーを飲みなさい。』岡希太郎・著（集英社）
『珈琲完全バイブル』丸山健太郎・監修（ナツメ社）
『珈琲の教科書』堀口俊英・著（新星出版社）
『珈琲の世界史』旦部幸博・著（講談社現代新書）
『コーヒーは楽しい！』セバスチャン・ラシヌー・チュング—レング トラン・著 河 清美・訳（パイ インターナショナル）
『贅沢時間シリーズ 珈琲事典』田口護・監修（学研プラス）
「世界の主なコーヒー生産国事情」（東京穀物商品取引所）
「レギュラーコーヒー及びインスタントコーヒーの表示に関する公正競争規約」（全日本コーヒー公正取引協議会）

바리스타가 꼭 알아야 할

커피사전

초판 1쇄 발행 2019년 12월 30일
초판 2쇄 발행 2021년 3월 10일

편자 西東社編集部
역자 윤채린 · 이문영 · 이혜진
감수 이정기
펴낸이 박정태
편집이사 이명수 출판기획 정하경
편집부 김동서, 위가연
마케팅 박명준, 이소희 온라인마케팅 박용대
경영지원 최윤숙

펴낸곳 광문각
출판등록 1991. 5. 31 제12-484호
주소 파주시 파주출판문화도시 광인사길 161 광문각 B/D
전화 031-955-8787 팩스 031-955-3730
E-mail kwangmk7@hanmail.net
홈페이지 www.kwangmoonkag.co.kr
ISBN 978-89-7093-969-8 93590
가격 24,000원

저자와의 협약으로 인지를 생략합니다.
잘못된 책은 구입한 서점에서 바꾸어 드립니다.